はじめに

JN065355

多くの書籍の中から、「よくわかる Word 2021&Excel 2021スキルアップ問題集 ビジネス実践編」を手に取っていただき、ありがとうございます。

本書は、WordとExcelの基本操作をマスターしている方を対象に、実務に直結するビジネススキルを養成することを目的とした問題集です。

様々なビジネスシーンにおける上司からの指示がそのまま問題になっており、その指示に対してどのように対処するか自ら考えて、最適なドキュメントを導き出すまでを解答としています。WordやExcelの操作スキルだけでなく、ビジネス文書の書き方やデータの活用術などのビジネススキルも習得できます。

なお、基本機能の習得には、次のテキストをご利用ください。

- 「よくわかる Microsoft Word 2021基礎 Office 2021／Microsoft 365対応（FPT2206）」
- 「よくわかる Microsoft Excel 2021基礎 Office 2021／Microsoft 365対応（FPT2204）」
- 「よくわかる Microsoft Word 2021応用 Office 2021／Microsoft 365対応（FPT2207）」
- 「よくわかる Microsoft Excel 2021応用 Office 2021／Microsoft 365対応（FPT2205）」

本書に記載されている操作方法は、2023年10月現在の次の環境で動作確認をしております。
- Windows 11（バージョン22H2　ビルド22621.2361）
- Microsoft Office Professional 2021
  Word 2021（バージョン2309　ビルド16.0.16827.20130）
  Excel 2021（バージョン2309　ビルド16.0.16827.20130）
- Microsoft 365のWordおよびExcel（バージョン2309　ビルド16.0.16827.20166）

本書発行後のWindowsやOfficeのアップデートによって機能が更新された場合には、本書の記載のとおりに操作できなくなる可能性があります。ご了承のうえ、ご購入・ご利用ください。

2023年12月11日
FOM出版

◆Microsoft、Access、Excel、Microsoft 365、OneDrive、Windowsは、マイクロソフトグループの企業の商標です。
◆QRコードは、株式会社デンソーウェーブの登録商標です。
◆その他、記載されている会社および製品などの名称は、各社の登録商標または商標です。
◆本文中では、TMや®は省略しています。
◆本文中のスクリーンショットは、マイクロソフトの許諾を得て使用しています。
◆本文およびデータファイルで題材として使用している個人名、団体名、商品名、ロゴ、連絡先、メールアドレス、場所、出来事などは、すべて架空のものです。実在するものとは一切関係ありません。
◆本書に掲載されているホームページやサービスは、2023年10月現在のもので、予告なく変更される可能性があります。

本書の使い方

ここでは、本書を活用して、基本操作から応用レベルまでスキルアップするための使い方をご紹介します。

これを参考に、前提知識や好みに応じて適宜アレンジし、自分にあったスタイルで問題にチャレンジしましょう。

STEP 01

指示をしっかり読む

あるビジネスシーンにおける、上司からの指示をしっかりと確認しましょう。

問題文
Lessonの問題文です。上司からの指示を問題にしています。

STEP 02

ファイルを開く

作業に必要なファイルを開きます。

ファイルを開く
Lessonで使用するファイルを記載しています。

STEP 03

条件の確認

決められた条件を確認します。ここで提示されている条件に従ってファイルを作成していきます。

条件

問題文だけでは判断しにくい内容や、補足する内容を記載しています。

ファイルを保存する

作成したファイルを保存する際に付けるファイル名を記載しています。

STEP 04

アドバイスと完成例の確認

作業を進める前に簡単に確認しましょう。アドバイスや完成例を見ないで、まずは自力でチャレンジするのもよいでしょう。

Advice

完成例に仕上げるために、全体的に気を付ける点を記載しています。

完成例

標準的な解答の完成例を記載しています。

STEP 05

操作手順の確認

完成例に仕上げるための標準的な操作手順です。操作の確認に使いましょう。

標準的な操作手順

標準的な操作手順を記載しています。

目次

■本書をご利用いただく前に --- 1

■ケーススタディ**1**　プロジェクト発足を通知する --------------------- 6

Lesson1　プロジェクト体制図の作成 ………………………………7

Lesson2　プロジェクト発足を通知するレポートの作成 …… 13

■ケーススタディ**2**　会議の開催を連絡する -------------------------22

Lesson3　拡販会議の開催を連絡するレポートの作成 …… 23

Lesson4　会議配布資料の作成 ………………………………… 30

■ケーススタディ**3**　行動指針を全従業員に告知する ------------------38

Lesson5　行動指針を通知するレポートの作成 …………… 39

Lesson6　行動指針を掲げたポスターの作成 ……………… 44

■ケーススタディ**4**　セミナー開催をお客様に案内する ----------------52

Lesson7　セミナー一覧表の作成 ……………………………… 53

Lesson8　セミナー開催の案内状の作成 …………………… 61

■ケーススタディ**5**　セミナー申込者に受講票を送付する --------------70

Lesson9　申込者一覧表の作成 ………………………………… 71

Lesson10　受講票の作成 ………………………………………… 77

Lesson11　宛名ラベル印刷 …………………………………… 86

■ケーススタディ**6**　Webサイトへのアクセス数を集計・分析する --------92

Lesson12　アクセス数の集計 …………………………………… 93

Lesson13　アクセス数の分析 ………………………………… 103

■ケーススタディ**7**　社内研修結果を管理する-------------------- **108**

　　Lesson14　全従業員の成績の集計 ……………………………… 109

　　Lesson15　従業員別の個別分析 …………………………………… 115

■ケーススタディ**8**　イベント売上実績を集計・分析する ------------- **124**

　　Lesson16　店舗別・商品カテゴリ別の売上集計表の作成 … 125

　　Lesson17　目標達成率の算出 ……………………………………… 130

　　Lesson18　商品カテゴリ別の売上構成比の比較 ………… 133

　　Lesson19　店舗別の売上実績と目標達成率の比較 ……… 136

■ケーススタディ**9**　セミナー開催状況を管理する------------------ **146**

　　Lesson20　マスタの作成 …………………………………………… 147

　　Lesson21　開催セミナー一覧表の作成 ………………… 151

　　Lesson22　セミナー別の集計 ……………………………………… 156

■ケーススタディ**10**　売上見込み・売上実績を集計する -------------- **164**

　　Lesson23　売上見込みの提出を依頼するレポートの作成… 165

　　Lesson24　売上見込みの集計 ……………………………………… 173

　　Lesson25　売上実績の集計 ………………………………………… 181

本書をご利用いただく前に

本書で学習を進める前に、ご一読ください。

1 本書の構成について

本書は、次のような構成になっています。

内容	対応するLesson
ケーススタディ1　プロジェクト発足を通知する プロジェクトのメンバー構成を表す体制図や、プロジェクトの発足を全従業員に通知するレポートを作成します。	Lesson1 Lesson2
ケーススタディ2　会議の開催を連絡する 全国営業拡販会議の開催を連絡するレポートや、会議の際に配布するスケジュール表を作成します。	Lesson3 Lesson4
ケーススタディ3　行動指針を全従業員に告知する 新たに改定された行動指針を全従業員に通知するレポートや、新しい行動指針が浸透するように、訴求力のあるポスターを作成します。	Lesson5 Lesson6
ケーススタディ4　セミナー開催をお客様に案内する 資産運用セミナーをお客様に案内するために、セミナーの一覧表や、一覧表と一緒に封入する案内状を作成します。	Lesson7 Lesson8
ケーススタディ5　セミナー申込者に受講票を送付する セミナーの申込書データから申込者一覧表を作成し、そのデータをもとに、はがきサイズの受講票を作成します。さらに、はがきに貼る宛名ラベルも作成します。	Lesson9 Lesson10 Lesson11
ケーススタディ6　Webサイトへのアクセス数を集計・分析する 新聞折り込みちらしを実施した日を基準に、前後1週間のWebサイトへのアクセス数を集計し、その推移を分析します。	Lesson12 Lesson13
ケーススタディ7　社内研修結果を管理する 全従業員に実施したビジネススキル研修の試験結果を集計し、従業員ごとに成績を分析します。	Lesson14 Lesson15
ケーススタディ8　イベント売上実績を集計・分析する キャンペーンの売上集計表を作成し、店舗別に目標達成率を算出します。さらに、商品カテゴリ別に売上構成比を比較するグラフや、店舗別に売上実績・目標達成率を比較するグラフを作成して報告書を作成します。	Lesson16 Lesson17 Lesson18 Lesson19
ケーススタディ9　セミナー開催状況を管理する 開催するセミナーを一括して管理するために必要となるスクールマスタとセミナーマスタを作成します。それらのマスタと各スクールから提出されたセミナー開催予定をもとにセミナーの一覧表を作成し、その後、セミナー別に受講状況を集計します。	Lesson20 Lesson21 Lesson22
ケーススタディ10　売上見込み・売上実績を集計する 営業推進部から各店舗に向けて追加拡販施策を告知し、各店舗から8月・9月の売上見込みを回答してもらうレポートを作成します。さらに、各店舗から回答された数値をもとに、営業推進部にて上期の売上見込みを集計します。その後、上期が終了した時点で、売上実績も集計します。	Lesson23 Lesson24 Lesson25

2 | 本書の記述について

操作の説明のために使用している記号には、次のような意味があります。

記述	意味	例
⬜	キーボード上のキーを示します。	Enter　Ctrl
⬜ + ⬜	複数のキーを押す操作を示します。	Shift + Enter（Shiftを押しながらEnterを押す）
《　》	ダイアログボックス名やタブ名、項目名など画面の表示を示します。	《OK》をクリック
「　」	重要な語句や機能名、画面の表示、入力する文字などを示します。	「情報システム部」と入力

 学習の前に開くファイル名

 問題文だけでは判断しにくい内容や、補足する内容

Advice! 完成例に仕上げるために、全体的に気を付ける内容

STEP UP 知っていると便利な内容

※ 補足的な内容や注意すべき内容

3 | 製品名の記載について

本書では、次の名称を使用しています。

正式名称	本書で使用している名称
Windows 11	Windows 11 または Windows
Microsoft Word 2021	Word 2021 または Word
Microsoft Excel 2021	Excel 2021 または Excel

4 | 学習環境について

本書を学習するには、次のソフトが必要です。
また、インターネットに接続できる環境で学習することを前提にしています。

> Word 2021 または　Microsoft 365のWord
> Excel 2021 または　Microsoft 365のExcel

◆本書の開発環境

本書を開発した環境は、次のとおりです。

OS	Windows 11 Pro（バージョン22H2　ビルド22621.2361）
アプリ	Microsoft Office Professional 2021 Word 2021（バージョン2309　ビルド16.0.16827.20130） Excel 2021（バージョン2309　ビルド16.0.16827.20130）
ディスプレイの解像度	1280×768ピクセル
その他	・WindowsにMicrosoftアカウントでサインインし、インターネットに接続した状態 ・OneDriveと同期していない状態

※本書は、2023年10月時点のWord 2021・Excel 2021またはMicrosoft 365のWord・Excelに基づいて解説しています。
　今後のアップデートによって機能が更新された場合には、本書の記載のとおりに操作できなくなる可能性があります。

STEP UP

OneDriveの設定

WindowsにMicrosoftアカウントでサインインすると、同期が開始され、パソコンに保存したファイルがOneDriveに自動的に保存されます。初期の設定では、デスクトップ、ドキュメント、ピクチャの3つのフォルダーがOneDriveと同期するように設定されています。
本書はOneDriveと同期していない状態で操作しています。
OneDriveと同期している場合は、一時的に同期を停止すると、本書の記載と同じ手順で学習できます。
OneDriveとの同期を一時停止および再開する方法は、次のとおりです。

一時停止

◆通知領域の ☁ (OneDrive) → ⚙ (ヘルプと設定) →《同期の一時停止》→停止する時間を選択
※時間が経過すると自動的に同期が開始されます。

再開

◆通知領域の ☁ (OneDrive) → ⚙ (ヘルプと設定) →《同期の再開》

5 　学習時の注意事項について

お使いの環境によっては、次のような内容について本書の記載と異なる場合があります。
ご確認のうえ、学習を進めてください。

◆ボタンの形状

本書に掲載しているボタンは、ディスプレイの解像度を「1280×768ピクセル」、ウィンドウを最大化した環境を基準にしています。
ディスプレイの解像度やウィンドウのサイズなど、お使いの環境によっては、ボタンの形状やサイズ、位置が異なる場合があります。
ボタンの操作は、ポップヒントに表示されるボタン名を参考に操作してください。

例

ボタン名	ディスプレイの解像度が低い場合／ウィンドウのサイズが小さい場合	ディスプレイの解像度が高い場合／ウィンドウのサイズが大きい場合
コピー	🗐	🗐 コピー
セルを結合して中央揃え	🔲 ▾	🔲 セルを結合して中央揃え ▾

STEP UP **ディスプレイの解像度の設定**

ディスプレイの解像度を本書と同様に設定する方法は、次のとおりです。
◆ デスクトップの空き領域を右クリック→《ディスプレイ設定》→《ディスプレイの解像度》の ▽
　→《1280×768》
※メッセージが表示される場合は、《変更の維持》をクリックします。

◆Officeの種類に伴う注意事項

Microsoftが提供するOfficeには「ボリュームライセンス（LTSC）版」「プレインストール版」「POSAカード版」「ダウンロード版」「Microsoft 365」などがあり、画面やコマンドが異なることがあります。

本書はダウンロード版をもとに開発しています。ほかの種類のOfficeで操作する場合は、ポップヒントに表示されるボタン名を参考に操作してください。

◆アップデートに伴う注意事項

WindowsやOfficeは、アップデートによって不具合が修正され、機能が向上する仕様となっています。そのため、アップデート後に、コマンドやスタイル、色などの名称が変更される場合があります。

本書に記載されているコマンドやスタイルなどの名称が表示されない場合は、任意の項目を選択してください。

※本書の最新情報については、P.5に記載されているFOM出版のホームページにアクセスして確認してください。

STEP UP **お使いの環境のバージョン・ビルド番号を確認する**

WindowsやOfficeはアップデートにより、バージョンやビルド番号が変わります。
お使いの環境のバージョン・ビルド番号を確認する方法は、次のとおりです。

Windows 11
◆ ■（スタート）→《設定》→《システム》→《バージョン情報》

Office 2021
◆《ファイル》タブ→《アカウント》→《（アプリ名）のバージョン情報》
※お使いの環境によっては、《アカウント》が表示されていない場合があります。その場合は、《その他》→《アカウント》をクリックします。

◆Wordの設定

Wordでは、全角空白（□）や段落記号（↵）などの編集記号を表示しておくと、操作しやすくなります。

編集記号の表示・非表示を切り替える方法は、次のとおりです。

①Wordを起動し、新しい文書を作成しておきます。

②《ホーム》タブを選択します。

③《段落》グループの ↲（編集記号の表示/非表示）をクリックします。
※ボタンがオンの状態（濃い灰色）になります。

◆自動保存をオフにする

ファイルをOneDriveと同期されているフォルダーに保存すると、初期の設定では自動保存がオンになり、一定の時間ごとにファイルが自動的に上書き保存されます。自動保存によって、元のファイルを上書きしたくない場合は、自動保存をオフにしてください。

6 完成ファイルについて

本書の完成ファイルは、FOM出版のホームページで提供しています。ダウンロードしてご利用ください。

ホームページアドレス

> https://www.fom.fujitsu.com/goods/

※アドレスを入力するとき、間違いがないか確認してください。

ホームページ検索用キーワード

> FOM出版

◆完成ファイル利用時の注意事項

ダウンロードした完成ファイルを開く際、そのファイルが安全かどうかを確認するメッセージが表示される場合があります。完成ファイルは安全なので、《編集を有効にする》をクリックして、編集可能な状態にしてください。

> ① 保護ビュー　注意―インターネットから入手したファイルは、ウイルスに感染している可能性があります。編集する必要がなければ、保護ビューのままにしておくことをお勧めします。 　 編集を有効にする(E) 　 ✕

7 本書の最新情報について

本書に関する最新のQ&A情報や訂正情報、重要なお知らせなどについては、FOM出版のホームページでご確認ください。

ホームページアドレス

> https://www.fom.fujitsu.com/goods/

※アドレスを入力するとき、間違いがないか確認してください。

ホームページ検索用キーワード

> FOM出版

ケーススタディ**1**

プロジェクト発足を通知する

Lesson1 　プロジェクト体制図の作成 ……………………………………7

Lesson2 　プロジェクト発足を通知するレポートの作成 ………… 13

ケーススタディ1

プロジェクト体制図の作成

問題

あなたは、アジアンプランツ株式会社の営業推進部に所属し、観葉植物の販売促進を行っています。

先日、社内会議にてオンラインストアのシステム老朽化に伴い、新システムへの移行が決定しました。それに伴い、システムの構築から稼働まで柔軟に対応できるように、関連部門の要員から構成されるプロジェクトが設置されることになり、あなたもプロジェクトメンバーに抜擢されました。

早速上司から「プロジェクトのメンバー構成がひと目でわかるように体制図を作ってください。」と指示されました。また、「業務ごとに階層構造で示すとわかりやすいよね。」とアドバイスをもらいました。

以下の条件に従って、Wordで新規に文書を作成してください。

OPEN

W 新しい文書

条件

①表題は「オンラインストア システム移行プロジェクトの体制図」とすること。

②次のデータをもとに、体制図を作成すること。

プロジェクトの担当業務	プロジェクト上の職責	所属	役職	氏名
全体総括	プロジェクトマネージャー	営業本部	本部長	佐藤　洋二
システム管理	プロジェクトサブマネージャー	情報システム部	課長	鈴木　秀隆
システム管理	プロジェクトメンバー	情報システム部		石渡　徹
システム管理	プロジェクトメンバー	情報システム部		沢田　麻紀
物流運用	プロジェクトサブマネージャー	購買部	課長	一柳　英雄
物流運用	プロジェクトメンバー	購買部		菊地　正隆
物流運用	プロジェクトメンバー	購買部		岡本　美穂子
企画営業	プロジェクトサブマネージャー	営業推進部	課長	安藤　智子
企画営業	プロジェクトメンバー	営業推進部		吉村　健司
企画営業	プロジェクトメンバー	営業推進部		長谷川　沙織

③適切なSmartArtグラフィックを使って表現すること。

④体制図が見やすくなるように、書式を適宜設定すること。

⑤A4横1ページにバランスよくレイアウトすること。

※作成した文書に「Lesson1」と名前を付けて保存しましょう。

標準的な完成例とアドバイス

以下の完成例に仕上げるために、次のような点に気を付けて作成しましょう。

- 文書を作成するときは、まず用紙サイズやページの向きなどのページ設定を行います。SmartArtグラフィックを作成したあとからページ設定を行うと、SmartArtグラフィックの大きさなどの再調整が必要になる場合があります。
- 体制図は、重要な項目が目立つようにフォントサイズを調整しましょう。

■ 完成例

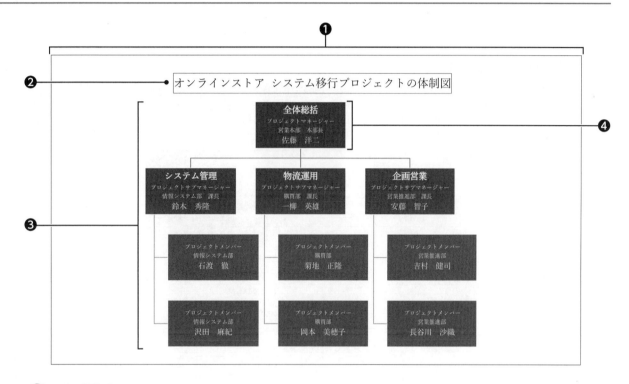

❶ ページ設定

完成例では、次のようにページ設定を変更しています。

印刷の向き：横

❷ 表題

表題（タイトル）は強調して目立たせます。

完成例では、表題に次のような書式を設定しています。

フォントサイズ：18ポイント 囲み線 中央揃え

❸ プロジェクト体制図

上下関係や命令系統などの相互関係がわかるように、SmartArtグラフィックの「組織図」で表すとよいでしょう。

完成例では、SmartArtグラフィックに次のような書式を設定しています。

SmartArtグラフィックの色：グラデーション 循環-アクセント1

❹個々の図形

「組織図」を構成する個々の図形には、「プロジェクトの担当業務」「プロジェクト上の職責」「所属」「役職」「氏名」をバランスよく配置しましょう。

完成例では、図形内の文字に次のような書式を設定しています。

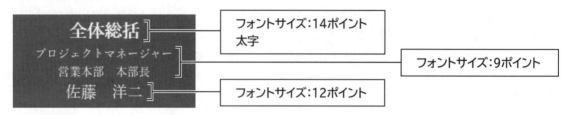

STEP UP

SmartArtグラフィック

「SmartArtグラフィック」は、複数の図形を組み合わせて、情報の相互関係を視覚的にわかりやすく表現したものです。SmartArtグラフィックには、リスト、手順、循環、階層構造、集合関係、マトリックス、ピラミッドなどの分類があらかじめ用意されています。組織図やプロセス図など、目的の種類を選択するだけでデザイン性の高い図解を作成できます。

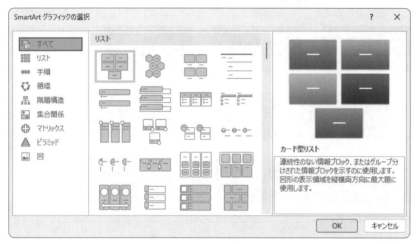

また、SmartArtグラフィックには「テキストウィンドウ」が用意されており、テキストウィンドウに文字を入力すると、SmartArtグラフィックの図形内にも自動的に入力した文字が表示されます。

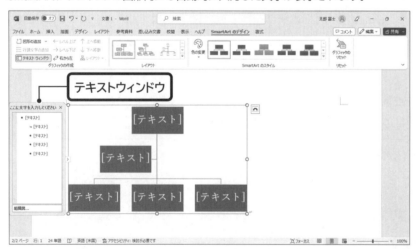

テキストウィンドウは、《ここに文字を入力してください》の部分をドラッグすると、位置を変更できます。また、テキストウィンドウの周囲をドラッグすると、サイズを調整できます。入力する内容に合わせて、調整するとよいでしょう。

標準的な操作手順

ページ設定の変更

① 《レイアウト》タブ→《ページ設定》グループの 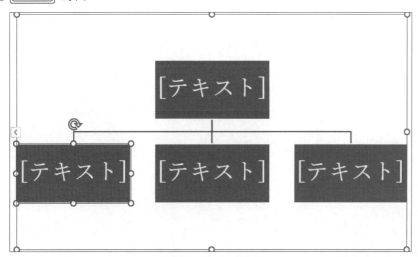 (ページサイズの選択)→《A4》が選択されていることを確認

② 《レイアウト》タブ→《ページ設定》グループの (ページの向きを変更)→《横》をクリック

文字の入力

① 1行目に次のように文字を入力

> オンラインストア␣システム移行プロジェクトの体制図↵

※␣は半角空白を表します。
※↵で Enter を押して改行します。

表題の書式設定

① 「オンラインストア システム移行プロジェクトの体制図」の行を選択

② 《ホーム》タブ→《フォント》グループの 10.5 ▾ (フォントサイズ)の ▾ →《18》をクリック

③ 《ホーム》タブ→《フォント》グループの A (囲み線)をクリック

④ 《ホーム》タブ→《段落》グループの ≡ (中央揃え)をクリック

SmartArtグラフィックの挿入

① 「オンラインストア システム移行プロジェクトの体制図」の下の行にカーソルを移動

② 《挿入》タブ→《図》グループの SmartArt (SmartArtグラフィックの挿入)をクリック

③ 左側の一覧から《階層構造》を選択

④ 中央の一覧から《組織図》を選択

⑤ 《OK》をクリック

SmartArtグラフィック内の図形の削除

① SmartArtグラフィックを選択

② 上から2番目の図形を選択

③ Delete を押す

SmartArtグラフィック内の文字の入力

① テキストウィンドウが表示されていることを確認

※テキストウィンドウが表示されていない場合は、《SmartArtのデザイン》タブ→《グラフィックの作成》グループの ▭ テキスト ウィンドウ （テキストウィンドウ）をクリックします。

② テキストウィンドウの1行目に「全体総括」と入力

③ Shift + Enter を押す

※テキストウィンドウから入力する際、項目内で強制的に改行するには、改行位置にカーソルを移動して Shift + Enter を押します。 Enter を押すと項目の追加となり、SmartArtに新しい図形が追加されるので注意しましょう。

④「プロジェクトマネージャー」と入力

⑤ Shift + Enter を押す

⑥「営業本部　本部長」と入力

⑦ Shift + Enter を押す

⑧「佐藤　洋二」と入力

⑨ 同様に、次の図を参考に、3名分の文字（テキストウィンドウの2～4行目）を入力

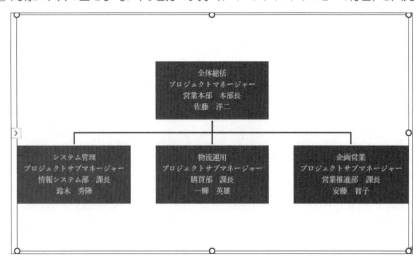

SmartArtグラフィック内の図形の追加

① テキストウィンドウの「システム管理」にカーソルを移動

②《SmartArtのデザイン》タブ→《グラフィックの作成》グループの ▭ 図形の追加 ▾ （図形の追加）の ▾ →《下に図形を追加》をクリック

※選択している項目（図形）の下層レベルに、新しい項目（図形）が追加されます。

③ テキストウィンドウの追加した項目に「プロジェクトメンバー」と入力

④ Shift + Enter を押す

⑤「情報システム部」と入力

⑥ Shift + Enter を押す

⑦「石渡　徹」と入力

⑧ Enter を押す

※選択している項目（図形）と同じレベルに、新しい項目（図形）が追加されます。

⑨ テキストウィンドウに「プロジェクトメンバー」と入力

⑩ Shift + Enter を押す

⑪「情報システム部」と入力

⑫ Shift + Enter を押す

⑬「沢田　麻紀」と入力

⑭ 同様に、完成例を参考に図形を追加し、文字を入力

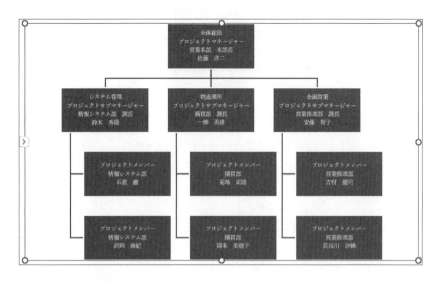

SmartArtグラフィックの色の変更

① SmartArtグラフィックを選択

②《SmartArtのデザイン》タブ→《SmartArtのスタイル》グループの ▦ (色の変更) →《アクセント1》の《グラデーション 循環-アクセント1》をクリック

SmartArtグラフィックのサイズ変更

① SmartArtグラフィックを選択

② SmartArtグラフィックの右下の○ (ハンドル) をポイントし、マウスポインターの形が ⬉ に変わったら、ドラッグして サイズを変更

SmartArtグラフィック内の文字の書式設定

① SmartArtグラフィックを選択

②《ホーム》タブ→《フォント》グループの 10+ ▾ (フォントサイズ) の ▾ →《9》をクリック

③ 1番上の図形内の「全体総括」を選択

※テキストウィンドウの文字を選択してもかまいません。

④《ホーム》タブ→《フォント》グループの 9 ▾ (フォントサイズ) の ▾ →《14》をクリック

⑤《ホーム》タブ→《フォント》グループの B (太字) をクリック

⑥ 1番上の図形内の「佐藤 洋二」を選択

⑦《ホーム》タブ→《フォント》グループの 9 ▾ (フォントサイズ) の ▾ →《12》をクリック

⑧ 同様に、その他の文字もフォントサイズを設定

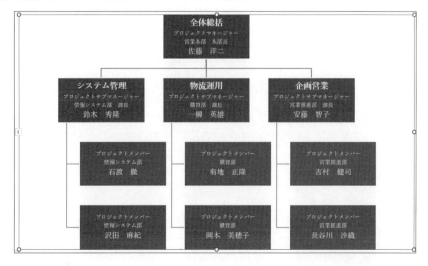

Lesson 2 ケーススタディ1 プロジェクト発足を通知するレポートの作成

問題

あなたが作成した「オンラインストア システム移行プロジェクトの体制図」を上司に見せたところ、「2024年4月1日にプロジェクトを発足するので、全従業員に通知するレポートを作成してください。」と指示されました。

以下の条件に従って、Wordで新規に文書を作成してください。

OPEN
W 新しい文書

条件

①発信番号は「No.2024-02」とすること。

②発信日付はプロジェクト発足日とすること。

③適切な受信者名を入れること。

④発信者名は「営業本部　本部長」とすること。

⑤レポート内容を端的に表す適切な表題を入れること。

⑥レポートの主文には、次の内容を入れること。

> ・2015年にオープンしたオンラインストアについて、サービス向上やセキュリティ強化などのために、システムを移行することになったこと。
> ・新システムの構築や旧システムからの移行に対応するために、システム移行プロジェクトを設置すること。
> ・円滑な新システムへの移行のために、各部門へ協力を促すこと。

⑦記書きには、次の内容を入れること。

> ・プロジェクト発足日
> ・Lesson1で作成した「オンラインストア システム移行プロジェクトの体制図」

⑧担当者として、次の内容を入れること。

> ・担当者が「長谷川」であること。
> ・内線が「1074」であること。

⑨レポートが見やすくなるように、書式を適宜設定すること。

⑩A4縦1ページにバランスよくレイアウトすること。

※作成した文書に「Lesson2」と名前を付けて保存しましょう。

標準的な完成例とアドバイス

以下の完成例に仕上げるために、次のような点に気を付けて作成しましょう。

Advice!
- ビジネス文書を作成する場合、表題を読み手がすぐに見つけられるよう、フォントやフォントサイズなどを調整します。
過度な装飾をする必要はありませんが、文書の構成にメリハリをつけられる書式を設定するとよいでしょう。
- SmartArtグラフィックやテキストボックスなどのオブジェクトを文書内に配置する場合、判読できるかどうか実際に印刷して文字の大きさや配色を確認するとよいでしょう。

■ 完成例

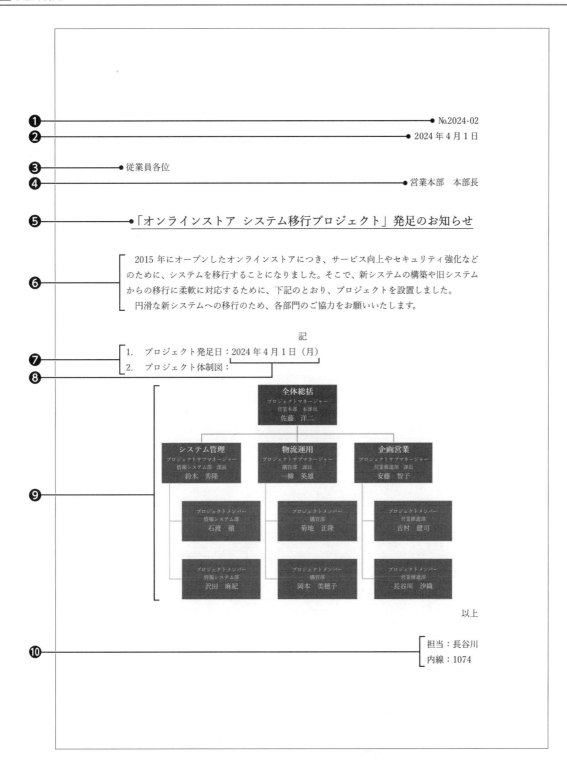

❶ 発信番号

文書管理用の発信番号を文書の右上に記述します。省略する場合もあります。

❷ 発信日付

発信日付は「プロジェクト発足日」の「2024年4月1日」とし、右揃えで配置します。

❸ 受信者名

発信日付の次の行には受信者名を入力します。会社や個人など特定しない複数名の敬称には「各位」を使います。今回は全従業員に通知するレポートなので、「従業員各位」や「社員各位」とします。

❹ 発信者名

受信者名の次の行には、発信者名を右揃えで配置します。

❺ 表題

どのようなプロジェクトを発足したのかが一見してわかる表題にします。

○ 「オンラインストア システム移行プロジェクト」発足のお知らせ
○ 「オンラインストア システム移行プロジェクト」の発足について（通知）
× 新規プロジェクト発足のお知らせ
× プロジェクト発足のお知らせ

完成例では、表題に次のような書式を設定しています。

フォントサイズ：14ポイント
太字
下線
中央揃え

---

❻ 主文

用件を簡潔に記述します。

❼ 記書き

適切な項目名を挙げ、具体的な内容を書き出すとよいでしょう。
完成例では、各項目名に段落番号を設定しています。

段落番号：1. 2. 3.

---

❽ プロジェクト発足日

完成例では、日付に曜日を追加して、わかりやすく表現しています。

❾ プロジェクト体制図

Lesson1で作成した体制図をコピーすると効率的です。

完成例では、SmartArtグラフィックを1つの図として貼り付けています。

貼り付け後、SmartArtグラフィック内の文字は編集できませんが、文字サイズの再調整が不要で、レイアウトもしやすくなります。

通常の「貼り付け」では、貼り付け後にSmartArtグラフィック内の文字は編集できますが、文字サイズの再調整が必要になり、やや手間がかかります。

● 「貼り付け」でコピーした場合

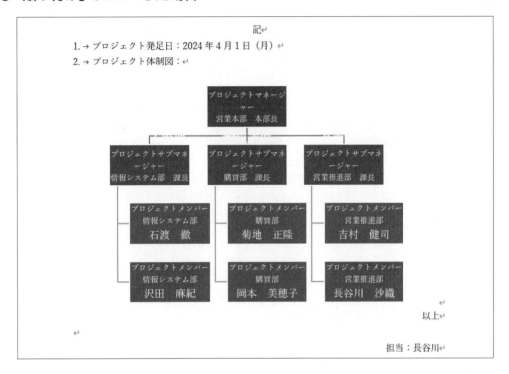

● 「図」としてコピーした場合

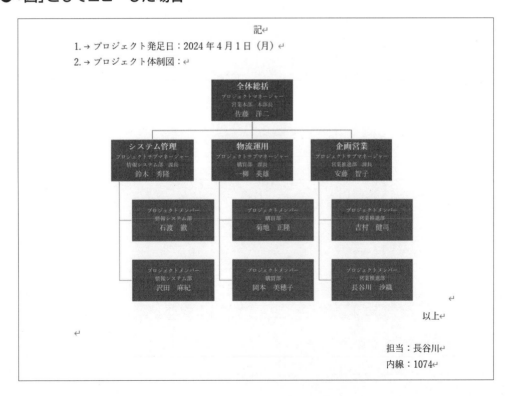

❿担当者

完成例では、担当者名と内線を2行で表現しています。2行で表現する場合、右揃えでは行頭がそろわないので、左インデントを設定するとよいでしょう。

> 左インデント：34.5字

●「左インデント」を設定した場合

●「右揃え」を設定した場合

社内文書の書き方

社内文書の書き方は、次のとおりです。

※本書では、一般的なビジネス文書について記述しています。企業内で独自の規定がある場合などは、その規定に従ってください。

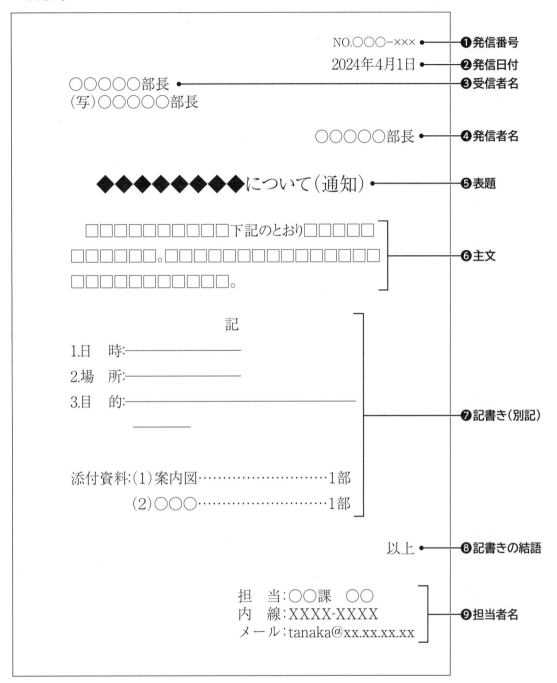

❶発信番号
発信元では、必要に応じて文書の発信番号を管理します。発信番号は文書の右上に記述します。

❷発信日付
原則として発信当日の年月日を記述します。
西暦とするか元号とするかは、企業内の規定に合わせます。

❸受信者名

受信者名の左端は、主文の左端とそろえます。受信者名は原則として役職名だけ、または部署名と個人名を記述します。

＜例＞

営業企画部長

営業企画部　鈴木部長

※受信者の部署名や役職名は最新の情報を確認し、間違えないように注意しましょう。

受信者が多い場合は、「関係者各位」などと記述します。
「(写)」は、本来その書類を渡すべき相手以外の部署や人に対して、参考に見ておいてほしいという場合に使用します。受信者名の一覧の下に、(写)に続けて部署名や個人名を記述します。

❹発信者名

発信者名は所属長の部署名と役職名を記述し、主文の右上、受信者名より下の行に記述します。書面について発信者が確認したことを明示するために日付印を押印する場合があります。
※近年では、テレワークの普及に伴い、印を省略したり電子署名を採用したりする場合もあります。

❺表題

一見して本文の内容がすぐわかるように簡潔にします。中央に主文より大きい文字で記述します。

＜例＞

管理職研修会開催の件

年末・年始の就業について

全社販売実績について(報告)

※主文の内容により、「通知」「回答」「報告」などを( )書きで記述します。

❻主文

文章の書き出しや改行のときは、原則として1文字分インデントして書き始めます。

❼記書き(別記)

主文において「下記のとおり」「次のとおり」とした場合は、主文の下に中央揃えで「記」を記述します。記書きは、「1. 2. 3. ……」などの記号を付けます。

❽記書きの結語

「以上」で締めくくります。

❾担当者名

問い合わせなどを考慮し、担当者の部署名、氏名、内線番号、メールアドレスなどを記述します。

標準的な操作手順

ページ設定の確認

① 《レイアウト》タブ→《ページ設定》グループの ⬚ (ページサイズの選択)→《A4》が選択されていることを確認

文字の入力

① 次のように文字を入力

```
№.2024-02↵
2024年4月1日↵
↵
従業員各位↵
営業本部□本部長↵
↵
「オンラインストア␣システム移行プロジェクト」発足のお知らせ↵
↵
□2015年にオープンしたオンラインストアにつき、サービス向上やセキュリティ強化など
のために、システムを移行することになりました。そこで、新システムの構築や旧システム
からの移行に柔軟に対応するために、下記のとおり、プロジェクトを設置しました。↵
□円滑な新システムへの移行のため、各部門のご協力をお願いいたします。↵
↵
                          記↵
プロジェクト発足日：2024年4月1日（月）↵
プロジェクト体制図：↵
↵
                                              以上↵
↵
↵
担当：長谷川↵
内線：1074↵
```

※↵で Enter を押して改行します。
※「№」は「なんばー」と入力して変換します。
※□は全角空白、␣は半角空白を表します。
※「記」と入力して改行すると、自動的に中央揃えが設定され、2行下に「以上」が右揃えで挿入されます。

文字の配置

① 「№.2024-02」から「2024年4月1日」までの行を選択

② Ctrl を押しながら、「営業本部　本部長」の行を選択

③ 《ホーム》タブ→《段落》グループの ☰ (右揃え)をクリック

表題の書式設定

① 「「オンラインストア システム移行プロジェクト」発足のお知らせ」の行を選択

② 《ホーム》タブ→《フォント》グループの 10.5 ⌄ (フォントサイズ)の ⌄ →《14》をクリック

③ 《ホーム》タブ→《フォント》グループの B (太字)をクリック

④ 《ホーム》タブ→《フォント》グループの U (下線)をクリック

⑤ 《ホーム》タブ→《段落》グループの ☰ (中央揃え)をクリック

段落番号の設定

① 「プロジェクト発足日：2024年4月1日（月）」から「プロジェクト体制図：」までの行を選択

② 《ホーム》タブ→《段落》グループの ▤▾ （段落番号）の ▾ →《番号ライブラリ》の《1.2.3.》をクリック

SmartArtグラフィックのコピー

① 文書「Lesson1」を開く

② SmartArtグラフィックを選択

③ 《ホーム》タブ→《クリップボード》グループの ▤ （コピー）をクリック

④ 作成中の文書に切り替える

⑤ 「2．　プロジェクト体制図：」の下の行にカーソルを移動

⑥ 《ホーム》タブ→《クリップボード》グループの ▤ （貼り付け）の ▾ → ▤ （図）をクリック

※文書「Lesson1」を閉じておきましょう。

図のサイズ変更

① 2ページ目の図を選択

② 図の周囲の〇（ハンドル）をポイントし、マウスポインターの形が ↘ や ↗ に変わったら、ドラッグしてサイズを変更

インデントの設定

① 「担当：長谷川」から「内線：1074」までの行を選択

② 《レイアウト》タブ→《段落》グループの《インデント》の ↳左: （左インデント）を「34.5字」に設定

STEP UP

水平ルーラーを使った左インデントの調整

左インデントを調整する場合に、ルーラーのインデントマーカーを使うと、位置を確認しながら操作できるので便利です。
ルーラーを表示する方法は、次のとおりです。

◆《表示》タブ→《表示》グループの《☑ルーラー》

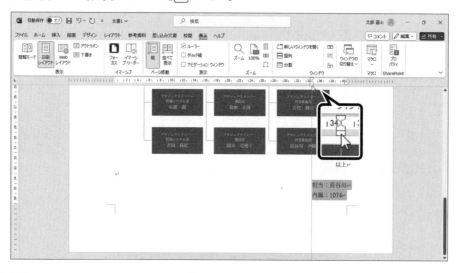

ケーススタディ**2**

会議の開催を連絡する

Lesson3　拡販会議の開催を連絡するレポートの作成 ………… 23
Lesson4　会議配布資料の作成 ……………………………………… 30

問題

あなたは、不動産の賃貸や売買を行うFOM不動産株式会社の営業本部営業推進部に所属し、全国支店の営業活動の取りまとめやサポートを行っています。上司から「2024年度のスタートにあたって、全国営業拡販会議を行うので、レポートを作成してください。」と指示されました。

以下の条件に従って、Wordで新規に文書を作成してください。

OPEN

W 新しい文書

条件

①発信番号は「営推　Rep.2024-004」とすること。

②発信日付は「2024年4月1日」とすること。

③次の職制表を参考に、受信者名は全部長と全支店長とすること。また、代表取締役社長と取締役を写しとして指定すること。

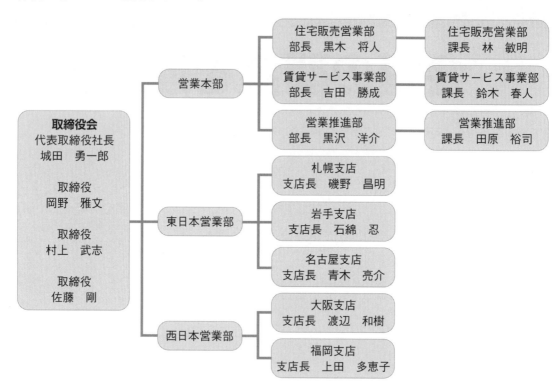

④発信者名は「営業推進部長」とすること。

⑤レポート内容を端的に表す適切な表題を入れること。

⑥レポートの主文には、次の内容を入れること。

・全社拡販方針および重点施策について、全社の意志統一を図るために開催すること。

---

⑦記書きには、次の内容を入れること。

・2024年4月22日（月）の13時〜18時30分に会議を行うこと。
　なお、会議の30分前から受付を開始する注釈を付ける。
・本社　メインタワー24階の大会議室で会議を行うこと。
・幹部社員全員と各支店の担当者代表1〜2名が出席すること。
　なお、各支店で最低1名は出席するように注釈を付ける。
・各支店の出席者を4月8日（月）までにメールアドレス（eisui@xx.xx）に回答すること。

---

⑧担当者として、次の内容を入れること。

・担当者が「藤田、木元」であること。
・内線が「211-7315、7316」であること。

---

⑨レポートが見やすくなるように、書式を適宜設定すること。

⑩A4縦1ページにバランスよくレイアウトすること。

※作成した文書に「Lesson3」と名前を付けて保存しましょう。

標準的な完成例とアドバイス

以下の完成例に仕上げるために、次のような点に気を付けて作成しましょう。

Advice!
- 文書に箇条書きや段落番号などを設定して、内容が読みやすくなるようにしましょう。また、注意して見てほしい内容は、太字や下線などを設定して目立つようにします。
- 入力する文字数が多い場合は、文書の余白を狭くするなど、ページ設定をしてから入力するとよいでしょう。

■ 完成例

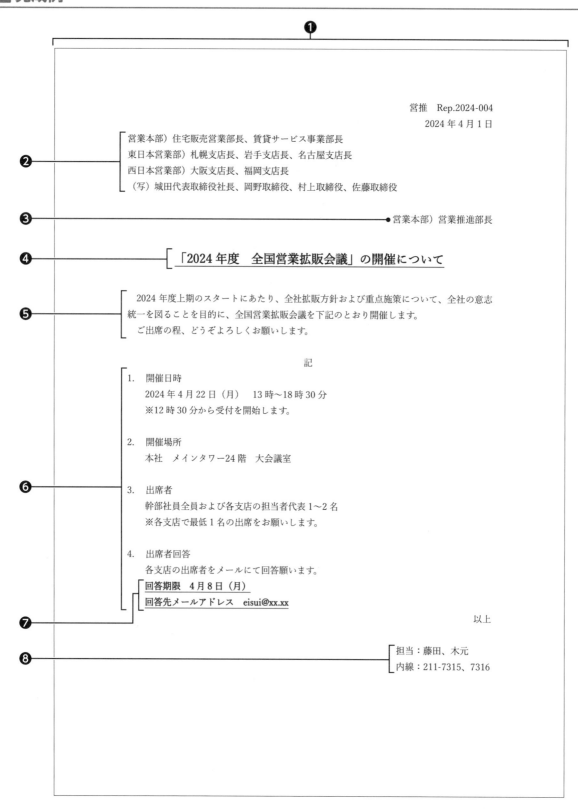

❶

営推　Rep.2024-004
2024 年 4 月 1 日

❷
営業本部）住宅販売営業部長、賃貸サービス事業部長
東日本営業部）札幌支店長、岩手支店長、名古屋支店長
西日本営業部）大阪支店長、福岡支店長
（写）城田代表取締役社長、岡野取締役、村上取締役、佐藤取締役

❸　　　　　　　　　　　　　　　　　　　　　　● 営業本部）営業推進部長

❹　　　　　　　　　**「2024 年度　全国営業拡販会議」の開催について**

❺
　2024 年度上期のスタートにあたり、全社拡販方針および重点施策について、全社の意志
統一を図ることを目的に、全国営業拡販会議を下記のとおり開催します。
　ご出席の程、どうぞよろしくお願いします。

記

1. 開催日時
   2024 年 4 月 22 日（月）　13 時〜18 時 30 分
   ※12 時 30 分から受付を開始します。

2. 開催場所
   本社　メインタワー24 階　大会議室

❻
3. 出席者
   幹部社員全員および各支店の担当者代表 1〜2 名
   ※各支店で最低 1 名の出席をお願いします。

4. 出席者回答
   各支店の出席者をメールにて回答願います。
   <u>回答期限　4 月 8 日（月）</u>
   <u>回答先メールアドレス　eisui@xx.xx</u>

❼

以上

❽
担当：藤田、木元
内線：211-7315、7316

❶余白

完成例では、次のように余白を変更しています。

> 上：20mm　　下：20mm

❷受信者名

職制表から部署名と役職名を確認して、受信者名を入れます。社内文書では、受信者名は次のように記述するのが一般的です。

> ○　住宅販売営業部長　　　　←　役職名だけ記述する
> ○　住宅販売営業部　黒木部長　←　部署名と個人名を記述する

完成例では、受信者人数が多いので、役職名の前に「〇〇部」のように上位の部署名を入れて、分類して記述しています。
上位の部署名を入れず、次のように記述してもよいでしょう。

> 住宅販売営業部長、賃貸サービス事業部長
> 札幌支店長、岩手支店長、名古屋支店長、大阪支店長、福岡支店長

> 部長各位
> 支店長各位

写しは受信者名の一覧の下に、「(写)」に続けて役職名を記述します。
完成例では、取締役が3名いるため、代表取締役社長と取締役は個人名で記述しています。

❸発信者名

完成例では、受信者名に上位の部署名を入れたので、発信者名にも同様に入れています。

❹表題

何の会議が開催されるのかが一見してわかる表題にします。

> ○　「2024年度　全国営業拡販会議」の開催について
> ×　会議開催のお知らせ

完成例では、表題に次のような書式を設定しています。

> フォントサイズ：14ポイント
> 太字
> 下線
> 中央揃え

❺主文

用件を簡潔に記述します。完成例では、会議への出席を促す一文を添えています。

❻記書き

適切な項目名を挙げ、具体的な内容を書き出すとよいでしょう。

完成例では、各項目名に段落番号を設定しています。

> 段落番号：1. 2. 3.

完成例では、各内容の行に左インデントを設定しています。

> 左インデント：2字

また、注釈は「※」に続けて記述するのが一般的です。

❼重要な内容・注意すべき内容

受信者から回答をもらう場合や、受信者に注意してほしい内容は目立つように強調するとよいでしょう。

完成例では、回答期限と回答先メールアドレスに次のような書式を設定しています。

> 太字
> 下線

❽担当者

完成例では、担当者名と内線を2行で表現しています。2行で表現する場合、右揃えでは行頭がそろわないので、左インデントを設定するとよいでしょう。

> 左インデント：30字

標準的な操作手順

ページ設定の変更

① 《レイアウト》タブ→《ページ設定》グループの [サイズ] (ページサイズの選択) →《A4》が選択されていることを確認

② 《レイアウト》タブ→《ページ設定》グループの [↘] (ページ設定) をクリック

③ 《余白》タブを選択

④ 《余白》の《上》を「20mm」、《下》を「20mm」に設定

⑤ 《OK》をクリック

文字の入力

① 次のように文字を入力

営推□Rep.2024-004↵
2024年4月1日↵
営業本部）住宅販売営業部長、賃貸サービス事業部長↵
東日本営業部）札幌支店長、岩手支店長、名古屋支店長↵
西日本営業部）大阪支店長、福岡支店長↵
（写）城田代表取締役社長、岡野取締役、村上取締役、佐藤取締役↵
↵
営業本部）営業推進部長↵
↵
「2024年度□全国営業拡販会議」の開催について↵
↵
□2024年度上期のスタートにあたり、全社拡販方針および重点施策について、全社の意志
統一を図ることを目的に、全国営業拡販会議を下記のとおり開催します。↵
□ご出席の程、どうぞよろしくお願いします。↵
↵
　　　　　　　　　　　　　　　記↵
開催日時↵
2024年4月22日（月）□13時～18時30分↵
※12時30分から受付を開始します。↵
↵
開催場所↵
本社□メインタワー24階□大会議室↵
↵
出席者↵
幹部社員全員および各支店の担当者代表1～2名↵
※各支店で最低1名の出席をお願いします。↵
↵
出席者回答↵
各支店の出席者をメールにて回答願います。↵
回答期限□4月8日（月）↵
回答先メールアドレス□eisui@xx.xx↵
　　　　　　　　　　　　　　　　　　　　　　　以上↵
↵
↵
担当：藤田、木元↵
内線：211-7315、7316↵

※↵で [Enter] を押して改行します。
※□は全角空白を表します。
※「記」と入力して改行すると、自動的に中央揃えが設定され、2行下に「以上」が右揃えで挿入されます。
※「～」は「から」、「※」は「こめ」と入力して変換します。

文字の配置

① 「営推　Rep.2024-004」から「2024年4月1日」までの行を選択

② Ctrl を押しながら、「営業本部）営業推進部長」の行を選択

③ 《ホーム》タブ→《段落》グループの 三 (右揃え)をクリック

表題の書式設定

① 「「2024年度　全国営業拡販会議」の開催について」の行を選択

② 《ホーム》タブ→《フォント》グループの 10.5 ▼ (フォントサイズ)の ▼ →《14》をクリック

③ 《ホーム》タブ→《フォント》グループの B (太字)をクリック

④ 《ホーム》タブ→《フォント》グループの U (下線)をクリック

⑤ 《ホーム》タブ→《段落》グループの 三 (中央揃え)をクリック

各項目名の段落番号の設定

① 「開催日時」の行を選択

② Ctrl を押しながら、「開催場所」「出席者」「出席者回答」の行を選択

③ 《ホーム》タブ→《段落》グループの 三 ▼ (段落番号)の ▼ →《番号ライブラリ》の《1.2.3.》をクリック

各内容のインデントの設定

① 「2024年4月22日（月）　13時～18時30分」から「※12時30分から受付を開始します。」までの行を選択

② Ctrl を押しながら、「本社　メインタワー24階　大会議室」、「幹部社員全員および各支店の担当者代表1～2名」、「※各支店で最低1名の出席をお願いします。」、「各支店の出席者をメールにて回答願います。」、「回答期限　4月8日（月）」、「回答先メールアドレス　eisui@xx.xx」の行を選択

③ 《レイアウト》タブ→《段落》グループの《インデント》の 三左: (左インデント)を「2字」に設定

担当と内線のインデントの設定

① 「担当：藤田、木元」から「内線：211-7315、7316」までの行を選択

② 《レイアウト》タブ→《段落》グループの《インデント》の 三左: (左インデント)を「30字」に設定

回答先の書式設定

① 「回答期限　4月8日（月）」から「回答先メールアドレス　eisui@xx.xx」までの行を選択

② 《ホーム》タブ→《フォント》グループの B (太字)をクリック

③ 《ホーム》タブ→《フォント》グループの U (下線)をクリック

会議配布資料の作成

問題

上司から「全国営業拡販会議の議題が決まったから、この内容でスケジュールを作成してほしい。会議当日に出席者全員に配布するものだから、見やすくまとめてください。」と会議のスケジュールについて書かれたメモを渡されました。

会議スケジュール

□第1部　　13：00～17：00

○開会の挨拶（5分）　　：営業推進部　黒沢部長

○営業本部　2024年度方針（各20分）

・サービス向上を目指して　：住宅販売営業部　黒木部長

・新賃貸サービスシステムについて　：賃貸サービス事業部　吉田部長

○休憩（15分）

○各支店　2024年度活動方針（各20分）

・更なる事業拡大に向けて　：札幌支店　磯野支店長

・クロージング力を育む　：岩手支店　石綿支店長

・CS向上運動のすすめ　：名古屋支店　青木支店長

・新規顧客へのアプローチ法　：大阪支店　渡辺支店長

・空き室戸数の減少を目指して　：福岡支店　上田支店長

○休憩（15分）

○業務拡販戦略討議（各25分）

・売買プロジェクト拡販方針　：住宅販売営業部　林課長

・賃貸プロジェクト拡販方針　：賃貸サービス事業部　鈴木課長

○全体講評　：城田代表取締役社長　　　⎫
○2023年度表彰　　　　　　　　　　　　⎬（15分）
　　　　　　　　　　　　　　　　　　　⎭

□第2部　　17：00～

○懇親会（任意参加）

以下の条件に従って、Wordで新規に文書を作成してください。

OPEN

W 新しい文書

条件 ///

①表題は「2024年度　全国営業拡販会議スケジュール」とすること。

②表題の下に、次の情報を入れること。

日時	2024年4月22日（月）13：00～18：30
場所	本社　メインタワー24階　大会議室
司会進行	営業推進部）田原

③メモをもとに、会議のタイムスケジュールがわかる表を作成すること。

④資料が見やすくなるように、書式を適宜設定すること。

⑤A4縦1ページにバランスよくレイアウトすること。

※作成した文書に「Lesson4」と名前を付けて保存しましょう。

以下の完成例に仕上げるために、次のような点に気を付けて作成しましょう。

- 項目を列挙する場合は、項目の最大の文字数に合わせて割り付けをすると、その後の説明の開始位置がそろうので読みやすくなります。
- 表を作成するときは、表内の最大の列数×行数で作成し、あとから必要に応じてセルを結合すると効率的です。
- 表の列の幅や行の高さはあとから変更することができます。セル単位で幅や高さを変更すると、特定のセルだけが変更されてしまうので行単位で設定します。

■完成例

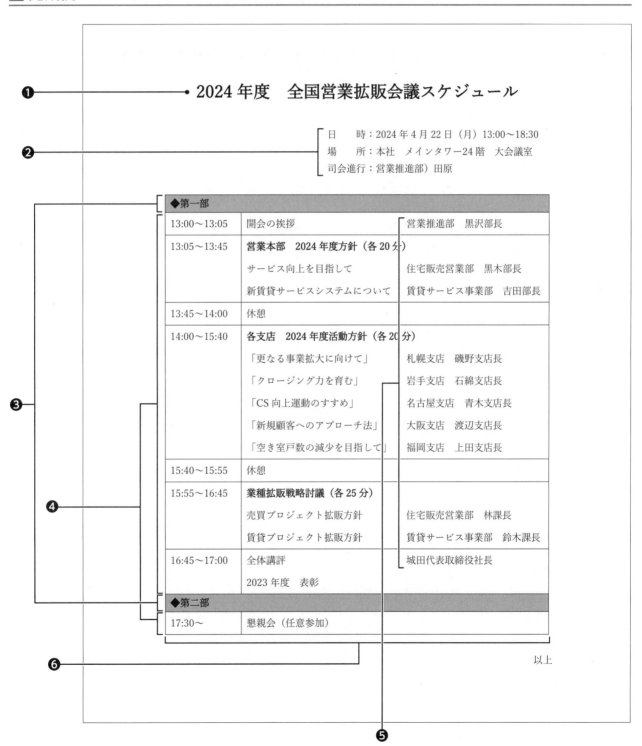

❶

2024 年度　全国営業拡販会議スケジュール

❷

日　　時：2024 年 4 月 22 日（月）13:00～18:30
場　　所：本社　メインタワー24 階　大会議室
司会進行：営業推進部）田原

❸

◆第一部		
13:00～13:05	開会の挨拶	営業推進部　黒沢部長
13:05～13:45	**営業本部　2024 年度方針（各 20 分）**	
	サービス向上を目指して	住宅販売営業部　黒木部長
	新賃貸サービスシステムについて	賃貸サービス事業部　吉田部長
13:45～14:00	休憩	
14:00～15:40	**各支店　2024 年度活動方針（各 20 分）**	
	「更なる事業拡大に向けて」	札幌支店　磯野支店長
	「クロージング力を育む」	岩手支店　石綿支店長
	「CS 向上運動のすすめ」	名古屋支店　青木支店長
	「新規顧客へのアプローチ法」	大阪支店　渡辺支店長
	「空き室戸数の減少を目指して」	福岡支店　上田支店長
15:40～15:55	休憩	
15:55～16:45	**業種拡販戦略討議（各 25 分）**	
	売買プロジェクト拡販方針	住宅販売営業部　林課長
	賃貸プロジェクト拡販方針	賃貸サービス事業部　鈴木課長
16:45～17:00	全体講評	城田代表取締役社長
	2023 年度　表彰	
◆第二部		
17:30～	懇親会（任意参加）	

❹

❻

以上

❺

❶ 表題

表題は強調して目立たせます。

完成例では、表題に次のような書式を設定しています。

> フォントサイズ：18ポイント
> 太字
> 中央揃え

❷ 日時・場所・司会進行

完成例では、日時・場所・司会進行を3行で表現しています。3行で表現する場合、右揃えでは行頭がそろわないので、左インデントを設定するとよいでしょう。

> 左インデント：17字

完成例では、「：（コロン）」の位置をそろえるために、「日時」と「場所」に均等割り付けを設定しています。

> 均等割り付け：4字

❸ 会議の全体構成

完成例では、大きく第一部と第二部に分けて、会議の全体構成がひと目でわかるようにしています。

完成例では、「第一部」と「第二部」の行のセルを結合しています。

また、結合した各セルには、次のような書式を設定しています。

> 塗りつぶしの色：青、アクセント1、白＋基本色60％
> 太字

❹ 会議のタイムスケジュール

会議のセッションごとに時間帯を書き出し、会議のタイムスケジュールがひと目でわかるようにしています。セッションごとの時間帯は、発表者の時間配分から算出できます。

完成例では、各セッションのセルの行間を次のように設定しています。

> 行間：1.3行

また、各セッションのテーマにあたる文字列には、次のような書式を設定しています。

> 太字

❺ 発表者名

完成例では、すべての発表者名の開始位置をそろえるために、発表者名の前にタブを設定しています。

> タブ位置：16.5字

❻ 表

完成例では、表全体を水平方向の中央に配置しています。

STEP UP ## タブ設定

「タブ」を使うと、行内の特定の位置で文字をそろえることができます。文字をそろえるための基準となる位置を「タブ位置」といいます。

そろえる文字の前にカーソルを移動して Tab を押すと、→ (タブ)が挿入され、文字をタブ位置にそろえることができます。

表内で → (タブ)を挿入するには、 Ctrl + Tab を押します。

タブ位置には、次のような種類があります。

● 既定のタブ位置

既定のタブ位置は、初期の設定では左インデントから4文字間隔に設定されています。

既定のタブ位置にそろえる文字の前にカーソルを移動して Tab を押すと、4文字間隔で文字をそろえることができます。

```
  →  ■  →  ■  →  ■  →  ■  →  ■  →  ■  →  ■  →  ■  →  ■  →  ↵

  更なる事業拡大に向けて→札幌支店□磯野支店長↵

  クロージング力を育む  → 岩手支店□石綿支店長↵

  CS 向上運動のすすめ   →  名古屋支店□青木支店長↵

  新規顧客へのアプローチ法   →   大阪支店□渡辺支店長↵

  空き室戸数の減少を目指して   →   福岡支店□上田支店長↵
```

● 任意のタブ位置

任意のタブ位置は《タブとリーダー》ダイアログボックスを表示して設定します。

任意のタブ位置は、既定のタブ位置より優先されます。

```
              →              ■↵

  更なる事業拡大に向けて        →        札幌支店□磯野支店長↵

  クロージング力を育む          →        岩手支店□石綿支店長↵

  CS 向上運動のすすめ           →        名古屋支店□青木支店長↵

  新規顧客へのアプローチ法       →        大阪支店□渡辺支店長↵

  空き室戸数の減少を目指して     →        福岡支店□上田支店長↵
```

任意のタブ位置を設定する方法は、次のとおりです。

◆《ホーム》タブ→《段落》グループの 🔽 (段落の設定)→《タブ設定》→《タブ位置》に字数を入力

タブとリーダー ? ×

タブ位置(T):
20

既定値(F):
4 字

クリアされるタブ：

配置
● 左揃え(L)　　○ 中央揃え(C)　　○ 右揃え(R)
○ 小数点揃え(D)　○ 縦線(B)

リーダー
● なし　(1)　　○ ....(2)　○ ------(3)
○ _____(4)　○ ‥‥‥‥(5)

設定(S)　　クリア(E)　　すべてクリア(A)

OK　　キャンセル

標準的な操作手順

ページ設定の確認

①《レイアウト》タブ→《ページ設定》グループの ⬚ (ページサイズの選択)→《A4》が選択されていることを確認

文字の入力

①次のように文字を入力

```
2024年度□全国営業拡販会議スケジュール↵
↵
日時：2024年4月22日(月)13:00〜18:30↵
場所：本社□メインタワー24階□大会議室↵
司会進行：営業推進部)田原↵
↵
↵
                              以上↵

↵
```

※↵で Enter を押して改行します。
※□は全角空白を表します。
※「〜」は「から」と入力して変換します。
※「以上」と入力して改行すると、自動的に右揃えが設定されます。

表題の書式設定

①「2024年度　全国営業拡販会議スケジュール」の行を選択

②《ホーム》タブ→《フォント》グループの 10.5 ▾ (フォントサイズ)の ▾→《18》をクリック

③《ホーム》タブ→《フォント》グループの B (太字)をクリック

④《ホーム》タブ→《段落》グループの ☰ (中央揃え)をクリック

インデントの設定

①「日時：2024年4月22日(月)13:00〜18:30」から「司会進行：営業推進部)田原」までの行を選択

②《レイアウト》タブ→《段落》グループの《インデント》の ⬚左: (左インデント)を「17字」に設定

均等割り付けの設定

①「日時」を選択

② Ctrl を押しながら、「場所」を選択

③《ホーム》タブ→《段落》グループの ⬚ (均等割り付け)をクリック

④《新しい文字列の幅》を「4字」に設定

⑤《OK》をクリック

表の挿入

① 「司会進行：営業推進部）田原」の2行下にカーソルを移動

② 《挿入》タブ→《表》グループの ▦ （表の追加）→《表の挿入》をクリック

③ 《表のサイズ》の《列数》を「2」、《行数》を「10」に設定

④ 《OK》をクリック

⑤ 次のように表内に文字を入力

◆第一部↵	↵
13:00～13:05↵	開会の挨拶　→　営業推進部□黒沢部長↵
13:05～13:45↵	営業本部□2024年度方針（各20分）↵ サービス向上を目指して→住宅販売営業部□黒木部長↵ 新賃貸サービスシステムについて→賃貸サービス事業部□吉田部長↵
13:45～14:00↵	休憩↵
14:00～15:40↵	各支店□2024年度活動方針（各20分）↵ 「更なる事業拡大に向けて」　→　札幌支店□磯野支店長↵ 「クロージング力を育む」　→　岩手支店□石綿支店長↵ 「CS向上運動のすすめ」→名古屋支店□青木支店長↵ 「新規顧客へのアプローチ法」　→　大阪支店□渡辺支店長↵ 「空き室戸数の減少を目指して」→福岡支店□上田支店長↵
15:40～15:55↵	休憩↵
15:55～16:45↵	業種拡販戦略討議（各25分）↵ 売買プロジェクト拡販方針　→　住宅販売営業部□林課長↵ 賃貸プロジェクト拡販方針　→　賃貸サービス事業部□鈴木課長↵
16:45～17:00↵	全体講評　→　城田代表取締役社長↵ 2023年度□表彰
◆第二部↵	↵
17:30～↵	懇親会（任意参加）↵

※「◆」は「しかく」と入力して変換します。
※「～」は「から」と入力して変換します。
※表内に →｜ （タブ）を挿入するには、 Ctrl + Tab を押します。
※□は全角空白を表します。

列の幅の変更

① 表全体を選択

② 表の1列目と2列目の境界線をポイントし、マウスポインターの形が ←||→ に変わったら、ダブルクリック

セルの結合

① 表の1行目のセルを選択

② 《レイアウト》タブ→《結合》グループの 田セルの結合 (セルの結合) をクリック

③ 表の9行目のセルを選択

④ (F4) を押す

STEP UP 《テーブルデザイン》タブと《レイアウト》タブ

表内にカーソルがあるとき、リボンに《テーブルデザイン》タブと《レイアウト》タブが表示され、表に関するコマンドが
使用できる状態になります。このとき、リボンに《レイアウト》タブが2つ表示されますが、表の操作をする場合は
《テーブルデザイン》タブの右側の《レイアウト》タブを使います。

セルの書式設定

① 表の1行目を選択

② (Ctrl) を押しながら、表の9行目を選択

③ 《テーブルデザイン》タブ→《表のスタイル》グループの (塗りつぶし) の →《テーマの色》の《青、アクセント1、
白+基本色60%》(左から5番目、上から3番目) をクリック

④ 《ホーム》タブ→《フォント》グループの (B) (太字) をクリック

その他の文字の書式設定

① 表の3行2列目の「営業本部　2024年度方針(各20分)」を選択

② (Ctrl) を押しながら、表の5行2列目の「各支店　2024年度活動方針(各20分)」を選択

③ (Ctrl) を押しながら、表の7行2列目の「業種拡販戦略討議(各25分)」を選択

④ 《ホーム》タブ→《フォント》グループの (B) (太字) をクリック

行間の設定

① 表の2～8行目を選択

② (Ctrl) を押しながら、表の10行目を選択

③ 《ホーム》タブ→《段落》グループの (段落の設定) をクリック

④ 《インデントと行間隔》タブを選択

⑤ 《間隔》の《行間》の ∨ をクリックし、一覧から《倍数》を選択

⑥ 《間隔》の《間隔》を「1.3」に設定

⑦ 《OK》をクリック

タブの設定

① 表の2行2列目～8行2列目を選択

② 《ホーム》タブ→《段落》グループの (段落の設定) をクリック

③ 《タブ設定》をクリック

④ 《タブ位置》に「16.5」と入力

⑤ 《OK》をクリック

表の配置

① 表全体を選択

② 《ホーム》タブ→《段落》グループの ≡ (中央揃え) をクリック

ケーススタディ3

行動指針を全従業員に告知する

Lesson5　行動指針を通知するレポートの作成 ………………… 39
Lesson6　行動指針を掲げたポスターの作成 …………………… 44

問題

あなたは、広田メディカルシステムズ株式会社の総務部に所属しています。

この度、従来の行動指針が見直され、改定されることになりました。上司から「従業員に新しい行動指針を知らせるレポートを作成してください。」と指示されました。

また、改定された行動指針が書かれた次のメモを渡されました。

行動指針
より品質の高いサービスをより多くのお客様に提供し、お客様の満足を獲得するため、最先端の技術を駆使して、従業員全員が共通の価値基準を持って行動します。

行動目標
・創造（Creation）　　　独創性を大切にします。
・挑戦（Challenge）　　どんな困難にも挑戦し続けます。
・努力（Effort）　　　　高い目標に向けて努力します。
・情熱（Passion）　　　感謝・感激・感動を忘れません。
・速度（Speed）　　　　迅速に対応します。

以下の条件に従って、Wordで新規に文書を作成してください。

OPEN
W 新しい文書

条件

①発信番号は「社達240001」とすること。

②発信日付は「2024年4月1日」とすること。

③適切な受信者名を入れること。

④発信者名は「代表取締役社長」とすること。

⑤レポート内容を端的に表す適切な表題を入れること。

⑥レポートの主文には、次の内容を入れること。

・従来の行動指針を"より身近でよりわかりやすく"という観点から見直したこと。
・4月1日付で改定したこと。
・従業員ひとりひとりがこの行動指針に基づいて、自然に行動できるように心掛けること。

---

⑦記書きには「行動指針」と「行動目標」を転記すること。

⑧レポートが見やすくなるように、書式を適宜設定すること。

⑨A4縦1ページにバランスよくレイアウトすること。

※作成した文書に「Lesson5」と名前を付けて保存しましょう。

標準的な完成例とアドバイス

以下の完成例に仕上げるために、次のような点に気を付けて作成しましょう。

 ● このレポートの一番の目的は、5つの「行動目標」を従業員に具体的に知ってもらうことです。箇条書きやインデントなどを設定して目立つようにするとよいでしょう。
● 任意のタブ位置にそろえた文字の左側に、「リーダー」と呼ばれる「……」などの線を表示することができます。

■ 完成例

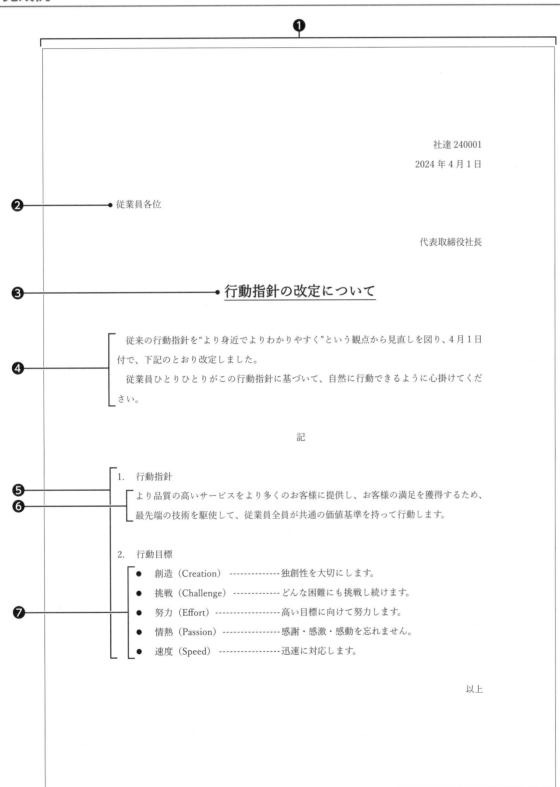

❶

社達 240001

2024 年 4 月 1 日

❷ 従業員各位

代表取締役社長

❸ <u>行動指針の改定について</u>

❹ 　従来の行動指針を"より身近でよりわかりやすく"という観点から見直しを図り、4 月 1 日付で、下記のとおり改定しました。
　従業員ひとりひとりがこの行動指針に基づいて、自然に行動できるように心掛けてください。

記

1.　行動指針
❺
❻ より品質の高いサービスをより多くのお客様に提供し、お客様の満足を獲得するため、最先端の技術を駆使して、従業員全員が共通の価値基準を持って行動します。

2.　行動目標
❼
● 　創造（Creation）-------------独創性を大切にします。
● 　挑戦（Challenge）------------どんな困難にも挑戦し続けます。
● 　努力（Effort）-----------------高い目標に向けて努力します。
● 　情熱（Passion）---------------感謝・感激・感動を忘れません。
● 　速度（Speed）----------------迅速に対応します。

以上

❶ ページ設定

完成例では、次のようにページ設定を変更しています。

> 1ページの行数：30行

❷ 受信者名

会社や個人など特定しない複数名の敬称には「各位」を使います。

今回は全従業員に通知するレポートなので、「従業員各位」や「社員各位」とします。

❸ 表題

行動指針が改定されたことが一見してわかる表題にします。

> ○　行動指針の改定について
> ○　行動指針の改定について（通知）
> ×　行動指針について

完成例では、表題に次のような書式を設定しています。

> フォントサイズ：16ポイント
> 太字
> 下線
> 中央揃え

❹ 主文

用件を簡潔に記述します。

❺ 記書き

適切な項目名を挙げ、具体的な内容を書き出すとよいでしょう。

完成例では、各項目名に段落番号を設定しています。

> 段落番号：1. 2. 3.

❻ 行動指針

メモの内容を正確に転記します。

完成例では、行動指針の内容に左インデントを設定しています。

> 左インデント：2字

❼ 行動目標

メモの内容を正確に転記します。

完成例では、行動目標の内容に左インデントと箇条書きを設定しています。

> 左インデント：2字
> 箇条書き　　：行頭文字　●

完成例では、行動目標のキーワードのうしろに、タブを設定しています。

> タブ位置：18字
> リーダー　：-------(3)

標準的な操作手順

ページ設定の変更

① 《レイアウト》タブ→《ページ設定》グループの [□ サイズ] (ページサイズの選択)→《A4》が選択されていることを確認

② 《レイアウト》タブ→《ページ設定》グループの [↘] (ページ設定) をクリック

③ 《文字数と行数》タブを選択

④ 《行数》の《行数》を「30」に設定

⑤ 《OK》をクリック

文字の入力

① 次のように文字を入力

```
社達240001↵
2024年4月1日↵
↵
従業員各位↵
↵
代表取締役社長↵
↵
行動指針の改定について↵
↵
□従来の行動指針を"より身近でよりわかりやすく"という観点から見直しを図り、4月1日
付で、下記のとおり改定しました。↵
□従業員ひとりひとりがこの行動指針に基づいて、自然に行動できるように心掛けてくだ
さい。↵
↵
                          記↵
↵
↵
行動指針↵
より品質の高いサービスをより多くのお客様に提供し、お客様の満足を獲得するため、最先
端の技術を駆使して、従業員全員が共通の価値基準を持って行動します。↵
↵
行動目標↵
創造(Creation)  →  独創性を大切にします。↵
挑戦(Challenge)  →    どんな困難にも挑戦し続けます。↵
努力(Effort)  →    高い目標に向けて努力します。↵
情熱(Passion)  →    感謝・感激・感動を忘れません。↵
速度(Speed)  →    迅速に対応します。↵
↵
                                          以上↵
↵
```

※↵で[Enter]を押して改行します。
※□は全角空白を表します。
※「記」と入力して改行すると、自動的に中央揃えが設定され、2行下に「以上」が右揃えで挿入されます。
※→(タブ)を挿入するには、[Tab]を押します。

文字の配置

① 「社達240001」から「2024年4月1日」までの行を選択

② [Ctrl] を押しながら、「代表取締役社長」の行を選択

③ 《ホーム》タブ→《段落》グループの [≡] (右揃え) をクリック

表題の書式設定

① 「行動指針の改定について」の行を選択

② 《ホーム》タブ→《フォント》グループの [10.5 ▾] (フォントサイズ) の [▾]→《16》をクリック

③ 《ホーム》タブ→《フォント》グループの [B] (太字) をクリック

④ 《ホーム》タブ→《フォント》グループの [U] (下線) をクリック

⑤ 《ホーム》タブ→《段落》グループの [≡] (中央揃え) をクリック

段落番号の設定

① 「行動指針」の行を選択

② [Ctrl] を押しながら、「行動目標」の行を選択

③ 《ホーム》タブ→《段落》グループの [≔ ▾] (段落番号) の [▾]→《番号ライブラリ》の《1.2.3.》をクリック

インデントの設定

① 「より品質の高いサービスをより多くの〜」から「〜従業員全員が共通の価値基準を持って行動します。」までの行を選択

② [Ctrl] を押しながら、「創造（Creation） 独創性を大切にします。」から「速度（Speed） 迅速に対応します。」までの行を選択

③ 《レイアウト》タブ→《段落》グループの《インデント》の [⇥左:] (左インデント) を「2字」に設定

箇条書きの設定

① 「創造（Creation） 独創性を大切にします。」から「速度（Speed） 迅速に対応します。」までの行を選択

② 《ホーム》タブ→《段落》グループの [≔ ▾] (箇条書き) の [▾]→《行頭文字ライブラリ》の《●》をクリック

タブの設定

① 「創造（Creation） 独創性を大切にします。」から「速度（Speed） 迅速に対応します。」までの行を選択

② 《ホーム》タブ→《段落》グループの [⬚] (段落の設定) をクリック

③ 《タブ設定》をクリック

④ 《タブ位置》に「18」と入力

⑤ 《リーダー》の《-------(3)》を ⦿ にする

⑥ 《OK》をクリック

行動指針を掲げたポスターの作成

問題

行動指針の改定を通達するレポートを発信しましたが、十分に行動指針が浸透していないようです。

そこで、日頃から行動指針が従業員の目に触れるようにポスターを作成することになりました。上司から「従業員の目を引くような見栄えのするポスターを作成してください。」と指示されました。

以下の条件に従って、Wordで新規に文書を作成してください。

OPEN

W 新しい文書

条件 ///

①SmartArtグラフィックや図形などのグラフィック機能を効果的に使って、人目を引くデザインにすること。

②Lesson5で作成したレポートから、行動指針や行動目標を適宜コピーして、効率的に作成すること。

③会社名を入れること。

④A3縦1ページにバランスよくレイアウトすること。

※A3が印刷できないプリンターの場合は、任意の用紙サイズで作成してください。

※作成した文書に「Lesson6」と名前を付けて保存しましょう。

1

2

3

4

5

6

7

8

9

10

標準的な完成例とアドバイス

以下の完成例に仕上げるために、次のような点に気を付けて作成しましょう。

- Wordでは、ちらしやポスターなどの大判の印刷物を作ることができますが、家庭用のプリンターでは大きいサイズの用紙に印刷できない可能性もあるので、用紙サイズを確認してから作成するようにしましょう。
- 大きいサイズの用紙では、ページ全体が見えなくなることがあります。作業をしやすくするために、表示倍率を調整しながら操作するとよいでしょう。

■ 完成例

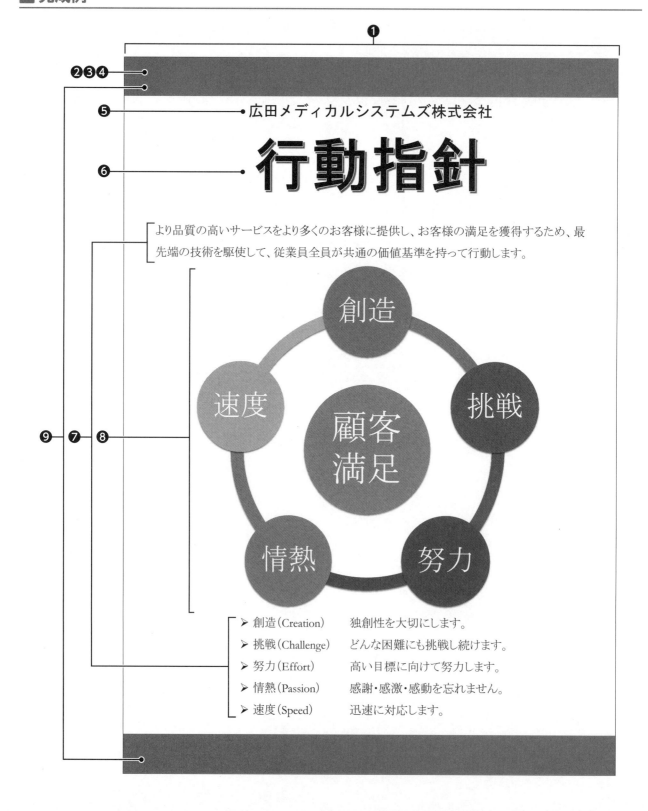

❶ページ設定

完成例では、次のようにページ設定を変更しています。

> 用紙サイズ：A3
> 余白　　　：やや狭い

❷ポスターの役割

手にとって読むレポートや資料と違い、壁面に掲示されるポスターは、じっくりと時間をかけて読んでもらえるものではありません。ポスターの役割は「人目を引き付けて、肝心なことを瞬時に伝える」ことにあります。視線を集めるような大胆なデザインにして、最も伝えたい内容を目立たせるとよいでしょう。内容をイメージできるイラストや写真を入れるのも効果的です。

❸ポスターの目的

このポスターの目的は、行動指針の中身を従業員に具体的に知ってもらい、実際に行動を起こさせ、顧客満足を獲得することにあります。長い言葉よりコンパクトな言葉の方が、読み手の心に残ります。伝えたい内容を絞り込んで、その内容を強調するとよいでしょう。

完成例では、行動指針のキーワード「顧客満足」、行動目標のキーワード「創造」「挑戦」「努力」「情熱」「速度」を強調するデザインにしています。

❹テーマの適用

テーマを適用すると、文書全体の配色やフォントなどが一括して変更され、統一感のあるデザインにすることができます。ポスターで伝えたい内容のイメージに合わせつつ、人目を引くような配色のテーマを適用するとよいでしょう。

完成例では、テーマの「オーガニック」を適用しています。

❺会社名

社内に掲示するポスターなので、会社名はあまり強調する必要はないでしょう。

完成例では、会社名に次のような書式を設定しています。

> フォント　　　：MSゴシック
> フォントサイズ：26ポイント
> 中央揃え

❻表題

表題は「行動指針の改定」より「行動指針」の方が、端的でよいでしょう。

完成例では、表題に次のような書式を設定しています。

> フォント　　　：MSゴシック
> フォントサイズ：100ポイント
> 文字の効果　　：塗りつぶし：黒、文字色1；輪郭：白、背景色1；影（ぼかしなし）：白、背景色1
> 中央揃え

❼行動指針・行動目標

完成例では、行動指針と行動目標の内容に次のような書式を設定しています。

> フォントサイズ：20ポイント

完成例では、行動目標の内容に左インデントと箇条書きを設定しています。

> 左インデント：14字
> 箇条書き　　：行頭文字　　➢

完成例では、行動目標のキーワードのうしろに、タブを設定しています。

> タブ位置：32字

❽キーワード

完成例では、キーワードが目立つように、SmartArtグラフィックの「中心付き循環」で表現しています。
完成例では、SmartArtグラフィックに次のような書式を設定しています。

> SmartArtグラフィックのスタイル：光沢
> SmartArtグラフィックの色　　　　：カラフル-全アクセント

❾ボーダー

完成例では、紙面に安定感を持たせるために、ページ上下にボーダーを配置しています。
ボーダーは図形の「正方形/長方形」を使って作成し、次のような書式を設定しています。

> 図形の塗りつぶし：緑、アクセント1
> 図形の枠線　　　：なし

※実際に印刷するときは、プリンター側でフチなし印刷の設定を有効にしておく必要があります。なお、プリンターによっては、フチなし印刷ができない場合があります。

標準的な操作手順

ページ設定の変更

①《レイアウト》タブ→《ページ設定》グループの ⬚(サイズ) (ページサイズの選択) →《A3》をクリック

※用紙サイズがA3に対応していないプリンターの場合は、一覧から選択することができません。任意の用紙サイズを選択します。

②《レイアウト》タブ→《ページ設定》グループの ⬚(余白) (余白の調整) →《やや狭い》をクリック

テーマの適用

①《デザイン》タブ→《ドキュメントの書式設定》グループの ⬚(テーマ) (テーマ) →《Office》の《オーガニック》をクリック

文字の入力

① 1行目に「広田メディカルシステムズ株式会社」と入力

※[Enter]を押して、改行しておきましょう。

文字のコピーと書式の解除

① 文書「Lesson5」を開く

②「1. 行動指針」から「● 速度（Speed）……迅速に対応します。」までの行を選択

③《ホーム》タブ→《クリップボード》グループの ⬚(コピー) をクリック

④ 作成中の文書に切り替える

⑤「広田メディカルシステムズ株式会社」の下の行にカーソルを移動

⑥《ホーム》タブ→《クリップボード》グループの ⬚(貼り付け) をクリック

⑦「1. 行動指針」から「● 速度（Speed）……迅速に対応します。」までの行を選択

⑧《ホーム》タブ→《スタイル》グループの ⬚→《標準》をクリック

⑨「行動指針」のうしろにカーソルを移動

⑩ [Enter]を押して改行

⑪「行動目標」の行を選択

⑫ [Delete]を押して削除

```
広田メディカルシステムズ株式会社↵
行動指針↵
↵
より品質の高いサービスをより多くのお客様に提供し、お客様の満足を獲得するため、最先端の技術を駆使して、従業員全員が共通の価値基準を持って行動します。↵
↵
創造（Creation） → 独創性を大切にします。↵
挑戦（Challenge）→ どんな困難にも挑戦し続けます。↵
努力（Effort） → 高い目標に向けて努力します。↵
情熱（Passion） → 感謝・感激・感動を忘れません。↵
速度（Speed） → 迅速に対応します。↵
↵
```

※文書「Lesson5」を閉じておきましょう。

会社名の書式設定

① 「広田メディカルシステムズ株式会社」の行を選択

② 《ホーム》タブ→《フォント》グループの ［MS P明朝 (本文0 ▾］ (フォント) の ▾ →《MSゴシック》をクリック

③ 《ホーム》タブ→《フォント》グループの ［10.5 ▾］ (フォントサイズ) の ▾ →《26》をクリック

④ 《ホーム》タブ→《段落》グループの ［≡］ (中央揃え) をクリック

表題の書式設定

① 「行動指針」の行を選択

② 《ホーム》タブ→《フォント》グループの ［MS P明朝 (本文0 ▾］ (フォント) の ▾ →《MSゴシック》をクリック

③ 《ホーム》タブ→《フォント》グループの ［10.5 ▾］ (フォントサイズ) のボックス内をクリック→「100」と入力して ［Enter］ を
押す

④ 《ホーム》タブ→《フォント》グループの ［A ▾］ (文字の効果と体裁) →《塗りつぶし：黒、文字色1；輪郭：白、背景色1；
影(ぼかしなし)：白、背景色1》(左から1番目、上から3番目) をクリック

⑤ 《ホーム》タブ→《段落》グループの ［≡］ (中央揃え) をクリック

その他の文字の書式設定

① 「より品質の高いサービスをより多くの〜」から「速度(Speed)　迅速に対応します。」までの行を選択

② 《ホーム》タブ→《フォント》グループの ［10.5 ▾］ (フォントサイズ) の ▾ →《20》をクリック

インデントと箇条書きの設定

① 「創造(Creation)　独創性を大切にします。」から「速度(Speed)　迅速に対応します。」までの行を選択

② 《レイアウト》タブ→《段落》グループの《インデント》の ［≣左：］ (左インデント) を「14字」に設定

③ 《ホーム》タブ→《段落》グループの ［≡ ▾］ (箇条書き) の ▾ →《行頭文字ライブラリ》の《➤》をクリック

タブの設定

① 「創造(Creation)　独創性を大切にします。」から「速度(Speed)　迅速に対応します。」までの行を選択

② 《ホーム》タブ→《段落》グループの ［◳］ (段落の設定) をクリック

③ 《タブ設定》をクリック

④ 《タブ位置》に「32」と入力

⑤ 《OK》をクリック

SmartArtグラフィックの挿入

① 「〜従業員全員が共通の価値基準を持って行動します。」の下の行にカーソルを移動

② 《挿入》タブ→《図》グループの ［SmartArt］ (SmartArtグラフィックの挿入) をクリック

③ 左側の一覧から《循環》を選択

④ 中央の一覧から《中心付き循環》を選択

⑤ 《OK》をクリック

⑥ テキストウィンドウが表示されていることを確認

※テキストウィンドウが表示されていない場合は、《SmartArtのデザイン》タブ→《グラフィックの作成》グループの ［テキスト ウィンドウ］ (テ
キストウィンドウ)をクリックします。

⑦ テキストウィンドウに次のように入力

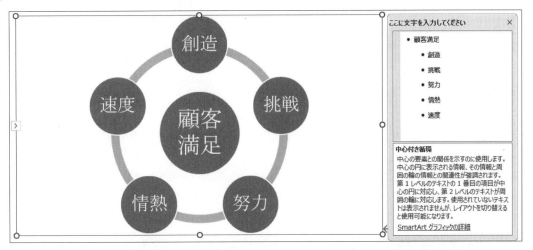

SmartArtグラフィックのサイズ変更

① SmartArtグラフィックを選択
※作業をしやすくするために、ページ全体が表示されるように、表示倍率を調整しておきましょう。
② SmartArtグラフィックの右下の〇（ハンドル）をポイントし、マウスポインターの形がに変わったら、ドラッグしてサイズを変更

SmartArtグラフィックの書式設定

① SmartArtグラフィックを選択
②《SmartArtのデザイン》タブ→《SmartArtのスタイル》グループの![▾]→《ドキュメントに最適なスタイル》の《光沢》（左から5番目）をクリック
③《SmartArtのデザイン》タブ→《SmartArtのスタイル》グループの![色の変更]（色の変更）→《カラフル》の《カラフル-全アクセント》（左から1番目）をクリック

図形の作成

①《挿入》タブ→《図》グループの![図形 ▾]（図形の作成）→《四角形》の![□]（正方形/長方形）（左から1番目）をクリック
② 開始位置から終了位置までドラッグして図形を作成

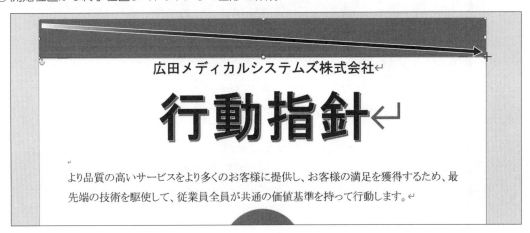

図形の書式設定

① 図形を選択

② 《図形の書式》タブ→《図形のスタイル》グループの 図形の塗りつぶし～ (図形の塗りつぶし) →《テーマの色》の《緑、アクセント1》(左から5番目、上から1番目) が選択されていることを確認

③ 《図形の書式》タブ→《図形のスタイル》グループの 図形の枠線～ (図形の枠線) →《枠線なし》をクリック

図形のコピー

① 図形を選択

※作業をしやすくするために、ページ全体が表示されるように、表示倍率を調整しておきましょう。

② Ctrl + Shift を押しながら、図形をポイントし、マウスポインターの形が に変わったら、ドラッグしてコピー

※ドラッグ中、マウスポインターの形が に変わります。

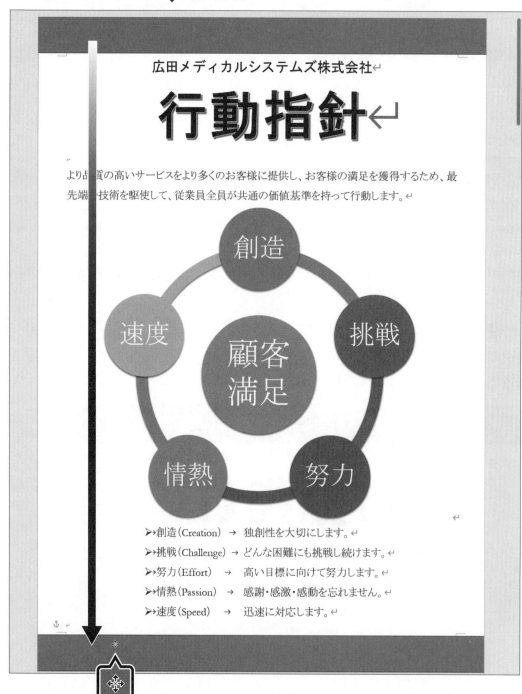

ケーススタディ**4**

セミナー開催を
お客様に案内する

Lesson7　セミナー一覧表の作成 ……………………………………… 53
Lesson8　セミナー開催の案内状の作成 ………………………… 61

問題

あなたは、株式会社FOMビジネスファイナンスの企画営業部に所属し、個人的な資産運用に関する総合的なアドバイスや取引を行っています。この度、既存顧客へのサービス拡大のために無料セミナーを実施することになり、上司から「お客様に案内するための開催セミナー一覧表を作成してください。」と指示されました。

以下の条件に従って、Wordで新規に文書を作成してください。

OPEN

 新しい文書

条件 ///

①表題は「資産運用セミナー一覧表」とすること。

②次のデータをもとに、表を作成すること。

■はじめての株式投資セミナー
内容：株式投資を始めたい、投資経験はあるが基礎から勉強しなおしたいと考えている方を対象に、口座の開設方法や、株価が上下する5つの要因など、株式の運用に必要な基本の知識を紹介。
日時：3月2日（土）13:30～15:00

■知っておきたいお金の教養セミナー
内容：これからの時代に、誰もが必要になってくるお金のスキル。お金のプロが今さら聞けないお金の知識を短時間で紹介。
日時：3月10日（日）13:30～15:00

■女性のための株式投資セミナー
内容：株式投資をしている方を対象に、株主優待制度を導入している企業の中から「おいしい」「綺麗」「楽しい」をキーワードに注目の有望銘柄を紹介。
日時：3月16日（土）13:30～15:00

■今すぐはじめる資産形成！安定した資産運用セミナー
内容：とにかく資産を増やしたいと考えている方を対象に、すぐに使える資産形成術を紹介。
日時：3月17日（日）13:30～15:00

■ステップアップ！実践株式投資セミナー
内容：株式投資をしている方を対象に、売り・買いの方向性を迅速かつ的確につかみ、コンスタントに利益を出すためのコツを紹介。
日時：3月20日（水）13:30～15:00

■短期で儲ける！デイトレードセミナー
内容：株式投資をしている方を対象に、1日単位で取引を行うデイトレードに必要なチャートの分析からローソク足などテクニカル指標の基本を紹介。
日時：3月24日（日）13:30～15:00

■世界情勢にすばやく対応！ビジネスマンのためのFXセミナー
内容：多忙な日々を過ごしているビジネスマンの方を対象に、24時間取引できる外国為替証拠金
　　　取引のしくみや、世界情勢や米ドル・欧州ユーロ・中国元などの通貨の先行きについて紹介。
日時：3月30日（土）13:30～15:00

■失敗しない！不動産投資セミナー
内容：不動産投資を始めようと考えている方を対象に、不動産購入から契約、賃貸管理まで基本
　　　の知識を紹介。また、お宝物件の見分け方や現在一押しの物件なども紹介。
日時：3月31日（日）13:30～15:00

③表には「No.」「セミナー名」「セミナー内容」「開催日時」の各項目を設けること。

④「No.」は、セミナー名ごとに「1」「2」「3」と連続番号を付けること。

⑤「セミナー内容」は、お客様向けに丁寧な文章で記述すること。

⑥ヘッダー右側に会社名、フッター右側に「2024年2月1日現在」と入れること。

⑦表が見やすくなるように、書式を適宜設定すること。

⑧A4横にバランスよくレイアウトすること。

※作成した文書に「Lesson7」と名前を付けて保存しましょう。

標準的な完成例とアドバイス

以下の完成例に仕上げるために、次のような点に気を付けて作成しましょう。

Advice!

- セル内の文字の配置を変更するには、《レイアウト》タブにある《配置》グループから操作します。表全体の配置を変更するには、《ホーム》タブの《段落》グループから操作します。項目セルは上下左右とも中央揃えにするなど、セル内でどのように文字を配置するのかを考えて操作しましょう。
- 表が複数ページにわたって表示されている場合、2ページ目以降にも表の項目名が表示されるようにすると見やすくなります。
- 「ヘッダー」はページの上部、「フッター」はページの下部にある余白部分の領域のことです。
  ヘッダーやフッターは、ページ番号や日付、文書のタイトルなど複数のページに共通する内容を表示するときに利用します。
  ヘッダーとフッターのどちらに何を表示するのか、指示をよく確認してから操作するようにしましょう。

■ 完成例

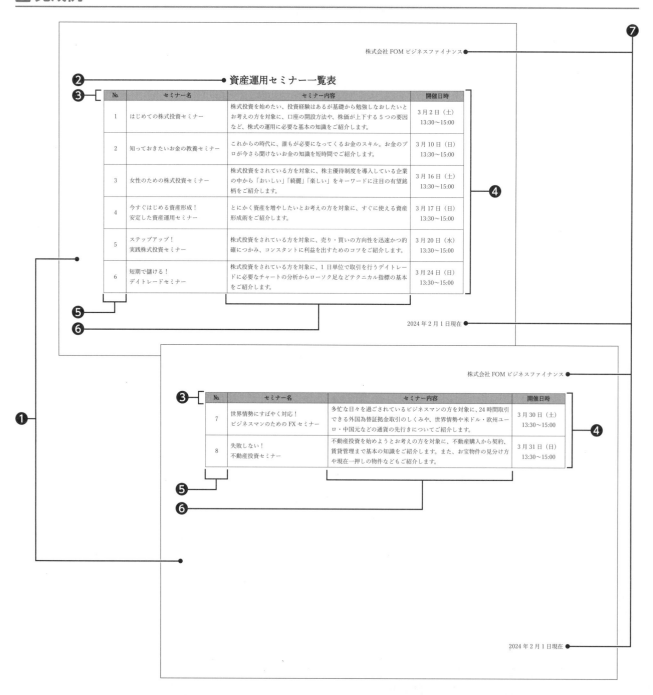

❶ ページ設定

完成例では、次のようにページ設定を変更しています。

> 印刷の向き：横

❷ 表題

表題は強調して目立たせます。
完成例では、表題に次のような書式を設定しています。

> フォントサイズ：18ポイント
> 太字
> 中央揃え

❸ 項目名

表内には「No.」「セミナー名」「セミナー内容」「開催日時」の各項目名を設け、該当する内容をデータから転記します。
また、項目名とデータ行の見分けがつくように、項目名とデータ行にはそれぞれ異なる書式を設定するとよいでしょう。
完成例では、項目名のセルに次のような書式を設定しています。

> 太字
> 塗りつぶしの色：青、アクセント5、白+基本色40%

また、2ページ目にも項目名が表示されるように設定しています。

❹ セル内の文字の配置

セル内の文字はバランスよく配置しましょう。
完成例では、次のように文字の配置を設定しています。

No.↵	セミナー名↵	セミナー内容↵	開催日時↵	
1→↵	はじめての株式投資セミナー↵	株式投資を始めたい、投資経験はあるが基礎から勉強しなおしたいとお考えの方を対象に、口座の開設方法や、株価が上下する5つの要因など、株式の運用に必要な基本知識をご紹介します。↵	3月2日（土）↵ 13:30〜15:00↵	中央揃え
2→↵	知っておきたいお金の教養セミナー↵	これからの時代に、誰もが必要になってくるお金のスキル。お金のプロが今さら聞けないお金の知識を短時間でご紹介します。↵	3月10日（日）↵ 13:30〜15:00↵	
3→↵	女性のための株式投資セミナー↵	株式投資をされている方を対象に、株主優待制度を導入している企業の中から「おいしい」「綺麗」「楽しい」をキーワードに注目の有望銘柄をご紹介します。↵	3月16日（土）↵ 13:30〜15:00↵	
4→↵	今すぐはじめる資産形成！↵ 安定した資産運用セミナー↵	とにかく資産を増やしたいとお考えの方を対象に、すぐに使える資産形成術をご紹介します。↵	3月17日（日）↵ 13:30〜15:00↵	
5→↵	ステップアップ！↵ 実践株式投資セミナー↵	株式投資をされている方を対象に、売り・買いの方向性を迅速かつ的確につかみ、コンスタントに利益を出すためのコツをご紹介します。↵	3月20日（水）↵ 13:30〜15:00↵	
6→↵	短期で儲ける！↵ デイトレードセミナー↵	株式投資をされている方を対象に、1日単位で取引を行うデイトレードに必要なチャートの分析からローソク足などテクニカル指標の基本をご紹介します。↵	3月24日（日）↵ 13:30〜15:00↵	

中央揃え　　　　　中央揃え（左）　　　　　中央揃え

なお、項目名以外のデータ行は、行の高さを「20mm」に設定し、表全体を水平方向の中央に配置しています。

❺No.

取り扱うセミナー件数が多い場合には、連続番号を付けておくと、セミナーの申込受付などその後の処理で、データが管理しやすくなります。

完成例では、段落番号の機能を使って、連続番号を効率的に入力しています。

段落番号：１２３

❻セミナー内容

セミナー内容は、敬語（丁寧文）に書き直して、転記します。

完成例では、次のように修正しています。

〜と考えている方を対象に	→	〜とお考えの方を対象に
〜を紹介。	→	〜をご紹介します。
〜している方を対象に	→	〜されている方を対象に
〜を過ごしている	→	〜を過ごされている

❼ヘッダー・フッター

作成元や作成日付は、右揃えで配置するのが一般的です。

標準的な操作手順

ページ設定の変更

① 《レイアウト》タブ→《ページ設定》グループの ⬛サイズ (ページサイズの選択)→《A4》が選択されていることを確認

② 《レイアウト》タブ→《ページ設定》グループの ⬛印刷の向き (ページの向きを変更)→《横》をクリック

文字の入力

① 1行目に「資産運用セミナー一覧表」と入力

※ Enter を押して、改行しておきましょう。

表題の書式設定

① 「資産運用セミナー一覧表」の行を選択

② 《ホーム》タブ→《フォント》グループの 10.5 ∨ (フォントサイズ) の ∨ →《18》をクリック

③ 《ホーム》タブ→《フォント》グループの B (太字) をクリック

④ 《ホーム》タブ→《段落》グループの ≡ (中央揃え) をクリック

表の挿入

① 「資産運用セミナー一覧表」の下の行にカーソルを移動

② 《挿入》タブ→《表》グループの ⬛表 (表の追加)→《表の挿入》をクリック

③ 《列数》を「4」、《行数》を「9」に設定

④ 《OK》をクリック

⑤ 次のように表内に文字を入力

No.↵	セミナー名↵	セミナー内容↵	開催日時↵
↵	はじめての株式投資セミナー↵	株式投資を始めたい、投資経験はあるが基礎から勉強しなおしたいとお考えの方を対象に、口座の開設方法や、株価が上下する5つの要因など、株式の運用に必要な基本の知識をご紹介します。↵	3月2日（土）↵ 13:30〜15:00↵
↵	知っておきたいお金の教養セミナー↵	これからの時代に、誰もが必要になってくるお金のスキル。お金のプロが今さら聞けないお金の知識を短時間でご紹介します。↵	3月10日（日）↵ 13:30〜15:00↵
↵	女性のための株式投資セミナー↵	株式投資をされている方を対象に、株主優待制度を導入している企業の中から「おいしい」「綺麗」「楽しい」をキーワードに注目の有望銘柄をご紹介します。↵	3月16日（土）↵ 13:30〜15:00↵
↵	今すぐはじめる資産形成！安定した資産運用セミナー↵	とにかく資産を増やしたいとお考えの方を対象に、すぐに使える資産形成術をご紹介します。↵	3月17日（日）↵ 13:30〜15:00↵
↵	ステップアップ！実践株式投資セミナー↵	株式投資をされている方を対象に、売り・買いの方向性を迅速か	3月20日（水）↵ 13:30〜15:00↵

表題: **資産運用セミナー一覧表**↵

※ 「No.」は「なんばー」と入力して変換します。
※ 「〜」は「から」と入力して変換します。

		つ的確につかみ、コンスタントに利益を出すためのコツをご紹介します。	
	短期で儲ける！ デイトレードセミナー	株式投資をされている方を対象に、1日単位で取引を行うデイトレードに必要なチャートの分析からローソク足などテクニカル指標の基本をご紹介します。	3月24日（日） 13:30～15:00
	世界情勢にすばやく対応！ ビジネスマンのためのFXセミナー	多忙な日々を過ごされているビジネスマンの方を対象に、24時間取引できる外国為替証拠金取引のしくみや、世界情勢や米ドル・欧州ユーロ・中国元などの通貨の先行きについてご紹介します。	3月30日（土） 13:30～15:00
	失敗しない！ 不動産投資セミナー	不動産投資を始めようとお考えの方を対象に、不動産購入から契約、賃貸管理まで基本の知識をご紹介します。また、お宝物件の見分け方や現在一押しの物件などもご紹介します。	3月31日（日） 13:30～15:00

段落番号による連続番号の入力

① 表の2行1列目～9行1列目を選択

② 《ホーム》タブ→《段落》グループの ▤ (段落番号) の ✓ →《新しい番号書式の定義》をクリック

③ 《番号の種類》の ✓ をクリックし、一覧から《1, 2, 3,…》を選択

④ 《番号書式》の「1.」を「1」に修正

⑤ 《配置》の ✓ をクリックし、一覧から《右揃え》を選択

⑥ 《OK》をクリック

列の幅の変更

① 表全体を選択

② 表の1列目と2列目の境界線をポイントし、マウスポインターの形が ↔ に変わったら、ダブルクリック

行の高さの変更

① 表の2～9行目を選択

② 《レイアウト》タブ→《セルのサイズ》グループの ↕ (行の高さの設定) を「20mm」に設定

セル内の文字の配置

① 表の2～3列目を選択

② 《レイアウト》タブ→《配置》グループの ▤ (中央揃え (左)) をクリック

③ 表の1列目を選択

④ 《レイアウト》タブ→《配置》グループの ▤ (中央揃え) をクリック

⑤ 表の4列目を選択

⑥ [F4] を押す

⑦ 表の1行目を選択

⑧ [F4] を押す

項目名の書式設定

① 表の1行目を選択

②《ホーム》タブ→《フォント》グループの [B] (太字) をクリック

③《ホーム》タブ→《段落》グループの [🎨▼] (塗りつぶし) の [▼] →《テーマの色》の《青、アクセント5、白+基本色40%》
（左から9番目、上から4番目）をクリック

表の項目名の設定

① 表の1行目を選択

②《レイアウト》タブ→《データ》グループの [🔲 タイトル行の繰り返し] (タイトル行の繰り返し) をクリック

表の配置

① 表全体を選択

②《ホーム》タブ→《段落》グループの [☰] (中央揃え) をクリック

ヘッダーとフッターの設定

①《挿入》タブ→《ヘッダーとフッター》グループの [📄 ヘッダー▼] (ヘッダーの追加) →《ヘッダーの編集》をクリック

②「株式会社FOMビジネスファイナンス」と入力

③《ホーム》タブ→《段落》グループの [☰] (右揃え) をクリック

④《ヘッダーとフッター》タブ→《ナビゲーション》グループの [🔲 フッターに移動] (フッターに移動) をクリック

⑤「2024年2月1日現在」と入力

⑥《ホーム》タブ→《段落》グループの [☰] (右揃え) をクリック

⑦《ヘッダーとフッター》タブ→《閉じる》グループの [❌ ヘッダーとフッターを閉じる] (ヘッダーとフッターを閉じる) をクリック

セミナー開催の案内状の作成

問題

あなたが作成した「資産運用セミナー一覧表」を上司に見せたところ、上司から「お客様にセミナーを案内するダイレクトメールを発送します。資産運用セミナー一覧表と一緒に封入する、セミナー開催の案内状を作成してください。」と指示されました。

以下の条件に従って、Wordで新規に文書を作成してください。

OPEN
新しい文書

条件

①発信日付は「2024年2月2日」とすること。

②適切な受信者名を入れること。

③発信者名は「株式会社FOMビジネスファイナンス」とすること。

④内容を端的に表す適切な表題を入れること。

⑤主文には、次の内容を入れること。

> ・セミナー内容は、将来の夢や目標のために、リスクを最小限に抑えながら確実に資産を増やしていく方法を紹介するものであること。
> ・セミナー講師は、経済誌「YEN」の編集長であり、ファイナンシャル・プランナーでもある山下利夫氏が担当すること。
> ・日頃の愛顧への感謝を込めて、セミナー参加費は無料であること。
> ・資産運用の必要性について理解を深めてほしい言葉を添えること。

⑥記書きには、次の内容を入れること。

> ・株式・為替・不動産の運用を紹介する全8セミナーを用意していること。
>   なお、セミナーの詳細は別紙の一覧表を見てほしい注釈を付ける。
> ・開催場所が、新宿FOMビル　23階　セミナールームAであること。
> ・定員は各セミナーともに30名であること。
> ・申し込みは、申し込み窓口にて電話で受け付けること。

⑦お申し込み・お問い合わせ先として、次の内容を入れること。

> 株式会社FOMビジネスファイナンス
> 〒160-0023　東京都新宿区西新宿2-X-X　新宿FOMビル
> TEL：03-5321-XXXX
> 受付時間　10:00～18:00（土日祝除く）　担当：木下

⑧レポートが見やすくなるように、書式を適宜設定すること。

⑨A4縦1ページにバランスよくレイアウトすること。

※作成した文書に「Lesson8」と名前を付けて保存しましょう。

標準的な完成例とアドバイス

以下の完成例に仕上げるために、次のような点に気を付けて作成しましょう。

 • あいさつ文は、「あいさつ文の挿入」の機能を使って入力すると効率的です。《あいさつ文》ダイアログボックスでは、「月のあいさつ」「安否のあいさつ」「感謝のあいさつ」がそれぞれ用意されています。案内状を送る時期や相手に合わせて選択するとよいでしょう。

■ 完成例

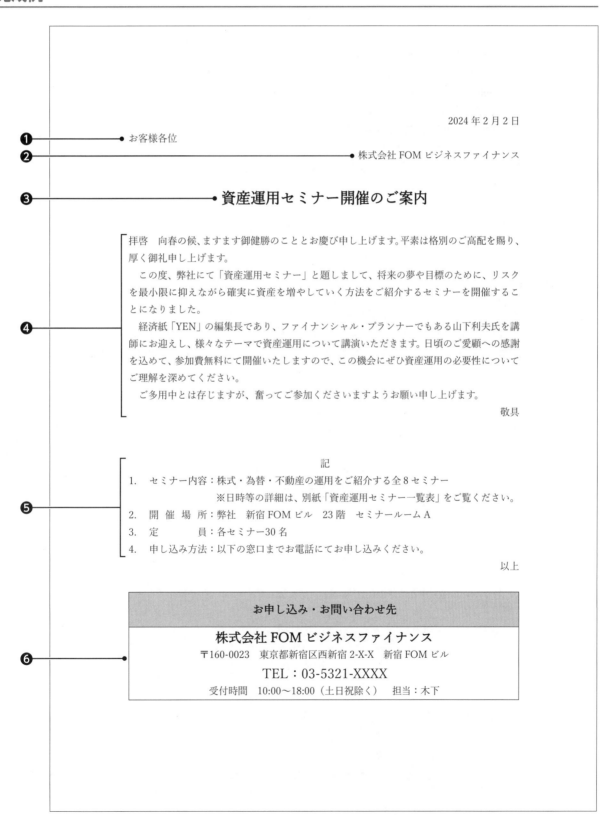

2024 年 2 月 2 日

❶ お客様各位

❷ 株式会社 FOM ビジネスファイナンス

❸ 資産運用セミナー開催のご案内

❹ 拝啓　向春の候、ますます御健勝のこととお慶び申し上げます。平素は格別のご高配を賜り、厚く御礼申し上げます。
　この度、弊社にて「資産運用セミナー」と題しまして、将来の夢や目標のために、リスクを最小限に抑えながら確実に資産を増やしていく方法をご紹介するセミナーを開催することになりました。
　経済紙「YEN」の編集長であり、ファイナンシャル・プランナーでもある山下利夫氏を講師にお迎えし、様々なテーマで資産運用について講演いただきます。日頃のご愛顧への感謝を込めて、参加費無料にて開催いたしますので、この機会にぜひ資産運用の必要性についてご理解を深めてください。
　ご多用中とは存じますが、奮ってご参加くださいますようお願い申し上げます。

敬具

記

❺
1. セミナー内容：株式・為替・不動産の運用をご紹介する全 8 セミナー
　　　　　　　　※日時等の詳細は、別紙「資産運用セミナー一覧表」をご覧ください。
2. 開 催 場 所：弊社　新宿 FOM ビル　23 階　セミナールーム A
3. 定　　　　員：各セミナー30 名
4. 申し込み方法：以下の窓口までお電話にてお申し込みください。

以上

❻
お申し込み・お問い合わせ先
株式会社 FOM ビジネスファイナンス 〒160-0023　東京都新宿区西新宿 2-X-X　新宿 FOM ビル TEL：03-5321-XXXX 受付時間　10:00～18:00（土日祝除く）　担当：木下

❶受信者名

会社や個人など特定しない複数名の敬称には「各位」を使います。
多数のお客様に送付する案内状なので、「お客様各位」が適切でしょう。

❷発信者名

社外文書なので、会社名を入れます。

❸表題

どのようなセミナーが開催されるのかが一見してわかる表題にします。

> ○　資産運用セミナー開催のご案内
> ○　資産運用セミナーの開催について（ご案内）
> ○　参加費無料！資産運用セミナー開催のご案内
> ×　資産運用セミナーについて
> ×　セミナー開催について（ご案内）

完成例では、表題に次のような書式を設定しています。

> フォントサイズ：16ポイント
> 太字
> 中央揃え

❹本文

社外文書なので、頭語・前文・主文・末文・結語の構成で記述します。
頭語・前文・結語は、「あいさつ文の挿入」の機能を使うと、効率的に入力できます。
完成例では、発信日付が2月であることから、2月の時候のあいさつを入れています。
主文は、適切な敬語を使って、わかりやすく簡潔に入力します。

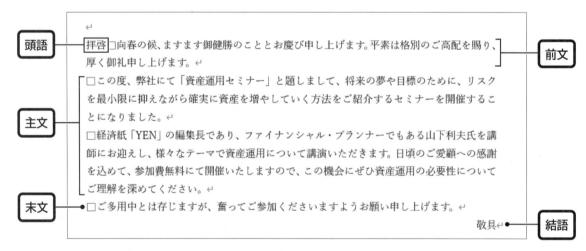

❺記書き

適切な項目名を挙げ、具体的な内容を書き出すとよいでしょう。

完成例では、各項目名に段落番号を設定しています。

> 段落番号：1. 2. 3.

完成例では、「：（コロン）」の位置をそろえるために、「開催場所」と「定員」に均等割り付けを設定しています。

> 均等割り付け：6字

注釈は「※」に続けて記述するのが一般的です。

完成例では、「※」の行に左インデントを設定しています。

> 左インデント：9字

❻お申し込み・お問い合わせ先

お申し込み・お問い合わせ先は、表形式で罫線内に配置したり、図形内に配置したりすると、目立ってわかりやすくなります。

さらに、お客様が電話を利用して申し込むような場合には、電話番号を強調するとよいでしょう。

完成例では、表を使って作成し、次のような書式を設定しています。

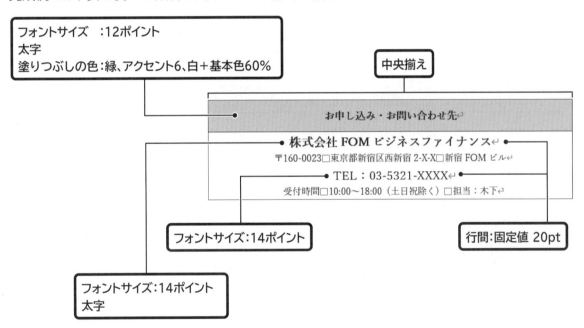

社外文書の書き方

社外文書の書き方は、次のとおりです。

※本書では、一般的なビジネス文書について記述しています。企業内で独自の規定がある場合などは、その規定に従ってください。

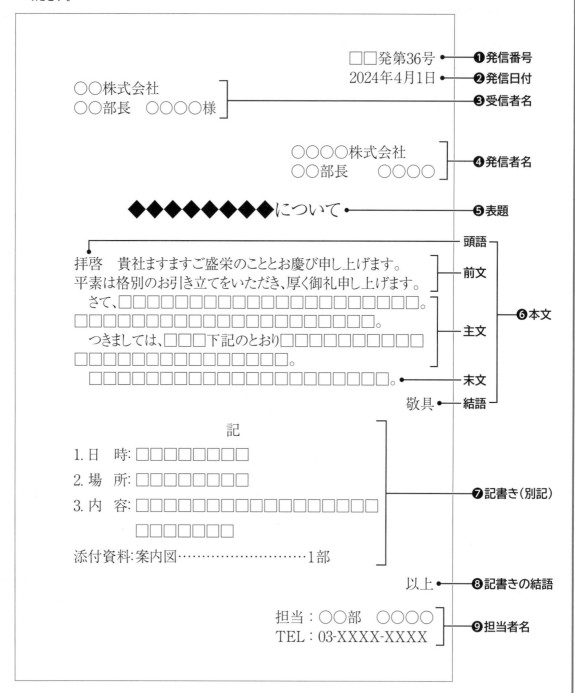

❶発信番号
文書管理用の発信番号を文書の右上に記述します。省略する場合もあります。

❷発信日付
原則として発信当日の年月日を発信番号の下に記述します。
西暦とするか元号とするかは、会社や組織の規定に従い、文書内で統一します。

❸受信者名
受信者名の左端は、本文の左端とそろえます。
会社名は、正式名称を記述します。略称の(株)やK.K.などは使いません。

<例>

青空科学(株) → 青空科学株式会社

受信者名は原則として役職名と個人名を併記します。
送付先が複数の場合は、受信者ごとに別々の文書を作成します。
受信者の敬称は、次のとおりです。

官庁、会社などの団体に宛てる	→	御中
役職名、個人名に宛てる	→	様
会社や個人などを特定しない複数に宛てる	→	各位

❹発信者名
発信者名は原則として所属長にし、本文の右上、受信者名より下の行に記述します。

＜例＞

> 富士コン商事株式会社
> 販売部長　山田　勝

発信者の印が必要な場合は、原則として会社所定の社印を押印します。社印がない場合は、個人の認印を押印します。
※日付印は使いません。

＜例＞

> 山田電子産業株式会社
> 東京支店　販売部長　佐藤　太郎　㊞

※案内状、挨拶状など、印刷部数が多い場合やメールの場合は押印しなくてもかまいません。
※近年では、テレワークの普及に伴い、印を省略したり電子署名を採用したりする場合もあります。

❺表題
本文の内容がひと目でわかる表題を発信者名の下に中央揃えで記述します。相手発信の関連文書については「貴信」を添えます。

＜例＞

> 契約条件の変更について
> （貴信2023年10月1日付、営業発第0077関連）

❻本文
本文は、次のように記述します。
◆頭語
　「拝啓」、「謹啓」などを使います。
◆前文
　時候のあいさつや相手の繁栄を祝う言葉を添えます。
◆主文
　前文の次の行に改行して記述します。
　わかりやすく、簡潔に記述します。文は短く区切り、曖昧な表現や重複する表現は避け、結論を先に記述します。また、適切な敬語を使います。
◆末文
　主文を締めくくります。本文の末尾に改行して記述します。
◆結語
　頭語に対応する「敬具」、「謹白」などの結語を使います。

❼記書き（別記）
主文において「下記のとおり」とした場合は、本文の下に中央揃えで「記」を記述します。記書きは、「1. 2. 3. ……」などの記号を付けます。

❽記書きの結語
「以上」で締めくくり、右端に記述します。

❾担当者名
明示する必要がある場合は、「以上」の下に担当者の部署名、氏名、電話番号、メールアドレスなどの連絡先を右端に記述します。また、担当者の認印を押印する場合があります。
※近年では、テレワークの普及に伴い、印を省略したり電子署名を採用したりする場合もあります。

標準的な操作手順

ページ設定の確認

①《レイアウト》タブ→《ページ設定》グループの [サイズ] (ページサイズの選択)→《A4》が選択されていることを確認

文字の入力

① 次のように文字を入力

2024年2月2日↵
お客様各位↵
株式会社FOMビジネスファイナンス↵
↵
資産運用セミナー開催のご案内↵
↵
拝啓□向春の候、ますます御健勝のこととお慶び申し上げます。平素は格別のご高配を賜り、厚く御礼申し上げます。↵
□この度、弊社にて「資産運用セミナー」と題しまして、将来の夢や目標のために、リスクを最小限に抑えながら確実に資産を増やしていく方法をご紹介するセミナーを開催することになりました。↵
□経済紙「YEN」の編集長であり、ファイナンシャル・プランナーでもある山下利夫氏を講師にお迎えし、様々なテーマで資産運用について講演いただきます。日頃のご愛顧への感謝を込めて、参加費無料にて開催いたしますので、この機会にぜひ資産運用の必要性についてご理解を深めてください。↵
□ご多用中とは存じますが、奮ってご参加くださいますようお願い申し上げます。↵

敬具↵

↵
↵
記↵
セミナー内容：株式・為替・不動産の運用をご紹介する全8セミナー↵
※日時等の詳細は、別紙「資産運用セミナー一覧表」をご覧ください。↵
開催場所：弊社□新宿FOMビル□23階□セミナールームA↵
定員：各セミナー30名↵
申し込み方法：以下の窓口までお電話にてお申し込みください。↵

以上↵

↵
↵

※↵で [Enter] を押して改行します。
※□は全角空白を表します。
※「拝啓」と入力して改行すると、2行下に「敬具」が右揃えで挿入されます。
※「記」と入力して改行すると、自動的に中央揃えが設定され、2行下に「以上」が右揃えで挿入されます。
※「※」は「こめ」と入力して変換します。

文字の配置

①「2024年2月2日」の行を選択

②　Ctrl　を押しながら、「株式会社FOMビジネスファイナンス」の行を選択

③《ホーム》タブ→《段落》グループの 三 (右揃え) をクリック

表題の書式設定

①「資産運用セミナー開催のご案内」の行を選択

②《ホーム》タブ→《フォント》グループの 10.5 ▾ (フォントサイズ) の ▾ →《16》をクリック

③《ホーム》タブ→《フォント》グループの B (太字) をクリック

④《ホーム》タブ→《段落》グループの 三 (中央揃え) をクリック

段落番号の設定

①「セミナー内容：株式・為替・不動産の運用をご紹介する全8セミナー」の行を選択

②　Ctrl　を押しながら、「開催場所：～」「定員：各セミナー30名」「申し込み方法：～」の行を選択

③《ホーム》タブ→《段落》グループの 三 ▾ (段落番号) の ▾ →《番号ライブラリ》の《1.2.3.》をクリック

均等割り付けの設定

①「開催場所」を選択

②　Ctrl　を押しながら、「定員」を選択

③《ホーム》タブ→《段落》グループの 昌 (均等割り付け) をクリック

④《新しい文字列の幅》を「6字」に設定

⑤《OK》をクリック

インデントの設定

①「※日時等の詳細は、別紙「資産運用セミナー一覧表」をご覧ください。」の行にカーソルを移動
※行内であれば、どこでもかまいません。

②《レイアウト》タブ→《段落》グループの《インデント》の 三左: (左インデント) を「9字」に設定

表の挿入

① 「以上」の2行下にカーソルを移動

② 《挿入》タブ→《表》グループの 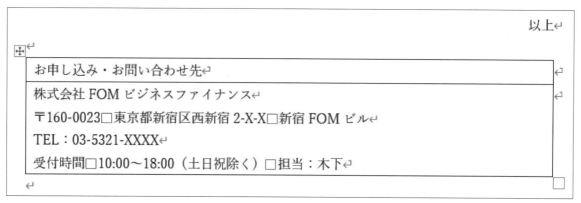 (表の追加) をクリック

③ 下に2マス分、右に1マス分の位置をクリック

※表のマス目の上に「表(2行×1列)」と表示されます。

④ 次のように表内に文字を入力

以上↵
お申し込み・お問い合わせ先↵
株式会社 FOM ビジネスファイナンス↵
〒160-0023□東京都新宿区西新宿 2-X-X□新宿 FOM ビル↵
TEL：03-5321-XXXX↵
受付時間□10:00〜18:00（土日祝除く）□担当：木下↵

※□は全角空白を表します。
※「〒」は「ゆうびん」と入力して変換します。
※郵便番号を入力して [　　　　] を押すと、該当する住所が変換候補として表示されます。住所を入力するときに使うと効率的です。
※「〜」は「から」と入力して変換します。

表の書式設定

① 表全体を選択

② 《レイアウト》タブ→《配置》グループの 目 (中央揃え) をクリック

③ 表の1行目を選択

④ 《ホーム》タブ→《フォント》グループの [10.5 ▼] (フォントサイズ) の ▼ →《12》をクリック

⑤ 《ホーム》タブ→《フォント》グループの [B] (太字) をクリック

⑥ 《ホーム》タブ→《段落》グループの [🖌▼] (塗りつぶし) の ▼ →《テーマの色》の《緑、アクセント6、白+基本色60％》(左から10番目、上から3番目) をクリック

⑦ 表内の「株式会社FOMビジネスファイナンス」を選択

⑧ 《ホーム》タブ→《フォント》グループの [10.5 ▼] (フォントサイズ) の ▼ →《14》をクリック

⑨ 《ホーム》タブ→《フォント》グループの [B] (太字) をクリック

⑩ 表内の「TEL：03-5321-XXXX」を選択

⑪ 《ホーム》タブ→《フォント》グループの [10.5 ▼] (フォントサイズ) の ▼ →《14》をクリック

行間の設定

① 表内の「株式会社FOMビジネスファイナンス」を選択

② [Ctrl] を押しながら、表内の「TEL：03-5321-XXXX」を選択

③ 《ホーム》タブ→《段落》グループの [⤵] (段落の設定) をクリック

④ 《インデントと行間隔》タブを選択

⑤ 《間隔》の《行間》の ▼ をクリックし、一覧から《固定値》を選択

⑥ 《間隔》を「20pt」に設定

⑦ 《OK》をクリック

ケーススタディ5

セミナー申込者に受講票を送付する

Lesson9　申込者一覧表の作成 ……………………………………… 71

Lesson10　受講票の作成 ……………………………………………… 77

Lesson11　宛名ラベル印刷 …………………………………………… 86

申込者一覧表の作成

問題

あなたは、株式会社FOMビジネスファイナンスの企画営業部に所属し、個人的な資産運用に関する総合的なアドバイスや取引を行っています。

先日、顧客サービスのために企画した無料セミナーをお客様にご案内したところ、早速申し込みがありました。

上司から「申込者の情報を一覧表にまとめてください。」と指示されました。

以下の条件に従って、Excelで新規にブックを作成してください。

OPEN

E 新しいブック

条件

①次のデータをもとに、表を作成すること。

氏名	西井　義和
フリガナ	ニシイ　ヨシカズ
セミナー名	はじめての株式投資セミナー
開催日時	3月2日(土)13:30～15:00
郵便番号	114-0012
住所	東京都北区田端新町2-X-X
電話番号	03-3234-XXXX

氏名	久保　陽子
フリガナ	クボ　ヨウコ
セミナー名	女性のための株式投資セミナー
開催日時	3月16日(土)13:30～15:00
郵便番号	338-0001
住所	埼玉県さいたま市中央区上落合2-X-X
電話番号	048-852-XXXX

氏名	大槻　智夫
フリガナ	オオツキ　トモオ
セミナー名	失敗しない！不動産投資セミナー
開催日時	3月31日(日)13:30～15:00
郵便番号	272-0123
住所	千葉県市川市幸4-X-X
電話番号	047-338-XXXX

②データベース機能が利用できるように、1件1レコードにすること。

③作成した表をテーブルに変換して、任意のテーブルスタイルを適用すること。

④表には「No.」「氏名」「フリガナ」「セミナー名」「開催日時」「郵便番号」「住所」「電話番号」の各項目を設けること。

⑤「No.」は、顧客ごとに「1」「2」「3」と連続番号を付けること。

⑥「フリガナ」は関数を利用して表示させること。

⑦「開催日時」は次のように入力すること。

> 3月2日（土）13:30〜15:00

⑧ヘッダーの左側に表題「セミナー申込者一覧表」、右側に出力する日付を入れること。出力する日付は、「XXXX/XX/XX現在」と表示されるように設定すること。

⑨A4横1ページにレイアウトすること。

※作成したブックに「Lesson9」と名前を付けて保存しましょう。

以下の完成例に仕上げるために、次のような点に気を付けて作成しましょう。

- 「No.」の連続番号は、オートフィル機能を使って入力すると効率的です。
- 郵便番号を入力して□□□□を押すと、該当する住所が変換候補として表示されます。住所を入力するときに使うと効率的です。
- ヘッダーやフッターを挿入する場合は、ページレイアウトモードに切り替えて、用紙にどのように印刷されるかを確認しながら操作するとよいでしょう。

■ 完成例

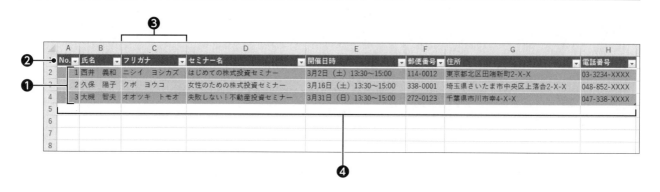

● 印刷結果

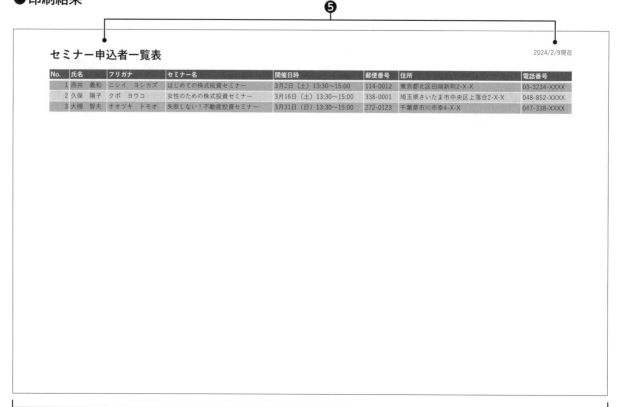

❶ 1件1レコード

データベース機能を使う表では、1件1レコードでデータを管理します。
並べ替えやフィルターが操作しやすくなります。

❷ 項目名

表には「No.」「氏名」「フリガナ」「セミナー名」「開催日時」「郵便番号」「住所」「電話番号」の各項目名を
設け、該当する内容をデータから転記します。

❸ フリガナ

PHONETIC関数を使って、「氏名」に応じたふりがなが表示されるようにします。

●PHONETIC関数

指定した文字列のふりがな情報を表示します。

＝PHONETIC（参照）
　　　　　　　　❶

---

❶参照
ふりがなを表示したい文字列のセルを指定します。

---

❹ テーブル

表を「テーブル」に変換すると、書式設定やデータベース管理が簡単に行えるようになります。
完成例では、テーブルに次のような書式を設定しています。

> テーブルスタイル：青, テーブルスタイル（中間）9

❺ ヘッダー

ヘッダー左側には、表題を表示しています。
完成例では、ヘッダー左側に次のような書式を設定しています。

> フォントサイズ：20ポイント
> 太字

ヘッダー右側には、出力する日付として現在の日付を表示しています。
完成例では、現在の日付を2024年2月9日としています。

❻ ページ設定

完成例では、次のようにページ設定を変更しています。

> ページの向き　：横
> 拡大縮小印刷：横1ページ

テーブル

テーブルには、次のような特長があります。

●テーブルスタイルが適用される

Excelに用意されているテーブルスタイルが適用され、表全体の見栄えを簡単に整えることができます。

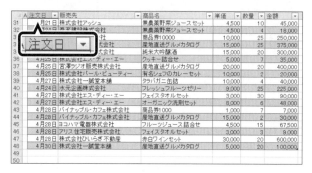

●列番号が列見出しに置き換わる

シートをスクロールすると、列番号が列見出しに置き換わります。

●フィルターモードになる

フィルターモードになり、先頭行に ▼ が表示されます。

▼ をクリックして、一覧からフィルターや並べ替えを実行できます。

●簡単にサイズを変更できる

テーブル右下の ■ （サイズ変更ハンドル）をドラッグして、テーブル範囲を簡単に変更できます。

●集計行を表示できる

集計行を表示して、合計や平均などの集計ができます。

標準的な操作手順

データの入力

① 次のようにデータを入力

	A	B	C	D	E	F	G	H
1	No.	氏名	フリガナ	セミナー名	開催日時	郵便番号	住所	電話番号
2	1	西井　義和		はじめての株式投資セミナー	3月2日(土)13:30~15:00	114-0012	東京都北区田端新町2-X-X	03-3234-XXXX
3	2	久保　陽子		女性のための株式投資セミナー	3月16日(土)13:30~15:00	338-0001	埼玉県さいたま市中央区上落合2-X-X	048-852-XXXX
4	3	大槻　智夫		失敗しない!不動産投資セミナー	3月31日(日)13:30~15:00	272-0123	千葉県市川市幸4-X-X	047-338-XXXX

フリガナの表示

① セル【C2】に「=PHONETIC(B2)」と入力

② セル【C2】を選択し、セル右下の■(フィルハンドル)をダブルクリック

列の幅の変更

① 列番号【A:H】を選択

② 列番号の右側の境界線をポイントし、マウスポインターの形が ✛ に変わったら、ダブルクリック

テーブルへの変換

① セル【A1】をクリック

※表内のセルであれば、どこでもかまいません。

② 《挿入》タブ→《テーブル》グループの 🔲 (テーブル)をクリック

③ 《テーブルに変換するデータ範囲を指定してください》が「=$A$1:$H$4」になっていることを確認

④ 《先頭行をテーブルの見出しとして使用する》を ✔ にする

⑤ 《OK》をクリック

⑥ 《テーブルデザイン》タブ→《テーブルスタイル》グループの 🔽 →《中間》の《青,テーブルスタイル(中間)9》(左から2番目、上から2番目)をクリック

ヘッダーの設定

① ステータスバーの 🔲 (ページレイアウト)をクリック

② ヘッダーの左側をクリック

③ 「セミナー申込者一覧表」と入力

④ 「セミナー申込者一覧表」を選択

⑤ 《ホーム》タブ→《フォント》グループの 11 🔽 (フォントサイズ)の 🔽 →《20》をクリック

⑥ 《ホーム》タブ→《フォント》グループの B (太字)をクリック

⑦ ヘッダーの右側をクリック

⑧ 《ヘッダーとフッター》タブ→《ヘッダー/フッター要素》グループの 🗓 (現在の日付)をクリック

⑨ 「&[日付]」に続けて「現在」と入力

⑩ ヘッダー以外の場所をクリック

ページ設定の変更

① 《ページレイアウト》タブ→《ページ設定》グループの 🔲 (ページサイズの選択)→《A4》が選択されていることを確認

② 《ページレイアウト》タブ→《ページ設定》グループの 🔲 (ページの向きを変更)→《横》をクリック

③ 《ページレイアウト》タブ→《拡大縮小印刷》グループの 🔲横: (横:)の 🔽 →《1ページ》をクリック

※ステータスバーの 🔲 (標準)をクリックして、もとの表示に戻しておきましょう。

ケーススタディ5
受講票の作成

問題

完成した「セミナー申込者一覧表」を上司に見せたところ、「それでは、セミナーの受講票を作成してください。」と指示されました。また、「過去の受講票を参考にするといいよ。」と、次のような過去の受講票を渡されました。

セミナー受講票

拝啓　仲秋の候、ますます御健勝のこととお慶び申し上げます。平素は格別のご高配を賜り、厚く御礼申し上げます。
　この度は、弊社セミナーにお申し込みいただき、誠にありがとうございます。当日は、受講票としてこのはがきをご持参ください。
　当日のご来場を心よりお待ち申し上げております。

敬具

記

お 名 前：○○　○○○　様
セミナー名：**オンライントレードセミナー**
開 催 日 時：**11 月 4 日（土）13:30〜15:00**
開 催 場 所：弊社　NEW 新橋ビルディング　6 階
　　　　　　　第 4 会議室

以上

お問い合わせ先
株式会社 FOM ビジネスファイナンス
〒160-0023　東京都新宿区西新宿 2-X-X
新宿 FOM ビル
TEL：03-5321-XXXX
受付時間　10:00〜18:00（土日祝除く）

さらに、「これまではお客様名やセミナー名をひとつひとつ入力していたけれど、一覧表から差し込み印刷するようにしてはどうだろう。」とアドバイスを受けました。

以下の条件に従って、Wordで新規に文書を作成してください。

OPEN

W 新しい文書

条件

①過去の受講票と同じような文言・レイアウトで、今回の受講票を作成すること。

②時候のあいさつは、2月のものに変更すること。

③「お名前」「セミナー名」「開催日時」は、Lesson9で作成した「セミナー申込者一覧表」からデータを差し込むこと。

④「開催場所」は「新宿FOMビル　23階　セミナールームA」に変更すること。

⑤はがき縦にバランスよくレイアウトすること。

※作成した文書に「Lesson10」と名前を付けて保存しましょう。

標準的な完成例とアドバイス

以下の完成例に仕上げるために、次のような点に気を付けて作成しましょう。

Advice!
- 同じ内容の案内状や挨拶状を複数の宛先に送付する場合は、差し込み印刷を使うと便利です。文書の宛先だけを差し替えて印刷したり、宛名ラベルを作成したりできます。
差し込み印刷では、「ひな形の文書」と「宛先リスト」を使用します。
［ひな形の文書］
データの差し込み先となる文書です。すべての宛先に共通の内容を入力します。
［宛先リスト］
郵便番号や住所、氏名など、差し込むデータが入力されたファイルです。WordやExcelで作成したファイルのほか、Accessなどで作成したファイルも使うことができます。

■ 完成例

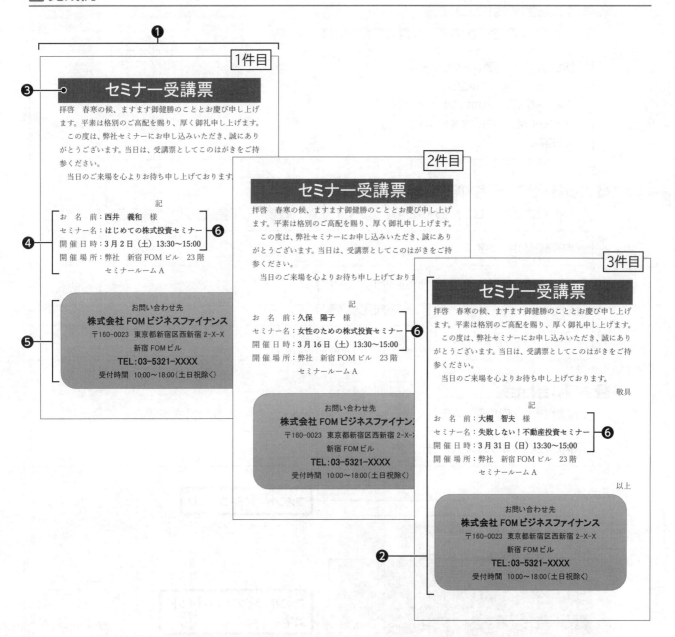

1件目

セミナー受講票

拝啓　春寒の候、ますます御健勝のこととお慶び申し上げます。平素は格別のご高配を賜り、厚く御礼申し上げます。
　この度は、弊社セミナーにお申し込みいただき、誠にありがとうございます。当日は、受講票としてこのはがきをご持参ください。
　当日のご来場を心よりお待ち申し上げております

記

お 名 前：西井　義和　様
セミナー名：はじめての株式投資セミナー
開 催 日 時：3月2日（土）13:30～15:00
開 催 場 所：弊社　新宿 FOM ビル　23 階
　　　　　　セミナールーム A

お問い合わせ先
株式会社 FOM ビジネスファイナンス
〒160-0023 東京都新宿区西新宿 2-X-X
新宿 FOM ビル
TEL：03-5321-XXXX
受付時間　10:00～18:00（土日祝除く）

2件目

セミナー受講票

拝啓　春寒の候、ますます御健勝のこととお慶び申し上げます。平素は格別のご高配を賜り、厚く御礼申し上げます。
　この度は、弊社セミナーにお申し込みいただき、誠にありがとうございます。当日は、受講票としてこのはがきをご持参ください。
　当日のご来場を心よりお待ち申し上げておりま

記

お 名 前：久保　陽子　様
セミナー名：女性のための株式投資セミナー
開 催 日 時：3月16日（土）13:30～15:00
開 催 場 所：弊社　新宿 FOM ビル　23 階
　　　　　　セミナールーム A

お問い合わせ先
株式会社 FOM ビジネスファイナンス
〒160-0023 東京都新宿区西新宿 2-X-
新宿 FOM ビル
TEL：03-5321-XXXX
受付時間　10:00～18:00（土日祝除く）

3件目

セミナー受講票

拝啓　春寒の候、ますます御健勝のこととお慶び申し上げます。平素は格別のご高配を賜り、厚く御礼申し上げます。
　この度は、弊社セミナーにお申し込みいただき、誠にありがとうございます。当日は、受講票としてこのはがきをご持参ください。
　当日のご来場を心よりお待ち申し上げております。

敬具

記

お 名 前：大槻　智夫　様
セミナー名：失敗しない！不動産投資セミナー
開 催 日 時：3月31日（日）13:30～15:00
開 催 場 所：弊社　新宿 FOM ビル　23 階
　　　　　　セミナールーム A

以上

お問い合わせ先
株式会社 FOM ビジネスファイナンス
〒160-0023 東京都新宿区西新宿 2-X-X
新宿 FOM ビル
TEL：03-5321-XXXX
受付時間　10:00～18:00（土日祝除く）

❶ ページ設定

完成例では、次のようにページ設定を変更しています。

```
用紙サイズ    ：はがき
余白        ：上 下 左 右  0mm
1ページの行数：24行
フォントサイズ ：9ポイント
```

❷ 受講票の内容

過去の受講票の文言を参考に転記します。

時候のあいさつは、「あいさつ文の挿入」の機能を使うとよいでしょう。

❸ 表題

表題は強調して目立たせます。

完成例では、表題に次のような書式を設定しています。

```
網かけ      ：青、アクセント1
フォント     ：MSPゴシック
フォントサイズ：20ポイント
フォントの色  ：白、背景1
中央揃え
```

❹ お名前・セミナー名・開催日時・開催場所

完成例では、「：(コロン)」の位置をそろえるために、各項目に均等割り付けを設定しています。

```
均等割り付け：5字
```

また、「開催場所」は2行に分けて記載しています。

完成例では、2行目に左インデントを設定しています。

```
左インデント：6字
```

❺ お問い合わせ先

完成例では、「四角形：角を丸くする」の図形内に配置し、次のような書式を設定しています。

```
図形のスタイル：パステル-青、アクセント5
```

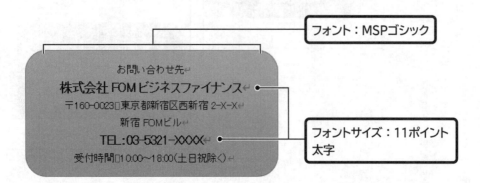

❻差し込み印刷

Excelを使って1件1レコードの形式でデータを格納しておくと、Wordの差し込み印刷が利用できます。

ここでは、Lesson9で作成した一覧表から次のデータが差し込まれるように設定します。

差し込み対象	差し込むデータ
お名前	一覧表から「氏名」のデータを差し込む
セミナー名	一覧表から「セミナー名」のデータを差し込む
開催日時	一覧表から「開催日時」のデータを差し込む

また、完成例では差し込んだデータに、次のような書式を設定しています。

太字

● 差し込み前

```
                    記↵
お 名 前：□様↵
セミナー名：↵
開 催 日 時：↵
開 催 場 所：弊社□新宿 FOM ビル□23 階↵
        セミナールーム A↵
                        以上↵
```

● 差し込み後

```
                    記↵
お 名 前：«氏名»□様↵
セミナー名：«セミナー名»↵
開 催 日 時：«開催日時»↵
開 催 場 所：弊社□新宿 FOM ビル□23 階↵
        セミナールーム A↵
                        以上↵
```

STEP UP ## 差し込み印刷の実行手順

差し込み印刷の基本的な手順は、次のとおりです。

1 差し込み印刷の開始

ひな形の文書を新規作成します。または、既存の文書をひな形として指定します。

2 宛先の選択

宛先リストを新しく作成します。または、既存のファイルを宛先リストとして選択します。選択した宛先リストは、必要に応じて、差し込む宛先を抽出したり、並べ替えたりできます。

3 差し込みフィールドの挿入

差し込みフィールド（データを差し込むための領域）をひな形の文書に挿入します。

4 結果のプレビュー

差し込んだ結果をプレビューして確認します。

5 印刷の実行

差し込んだ結果を印刷します。

宛先リストの構成

宛先リストは、「フィールド名」「レコード」「フィールド」で構成されます。

❶フィールド名（列見出し）
各列の先頭に入力されている項目名です。

❷レコード
行ごとに入力されている1件分のデータです。

❸フィールド
列ごとに入力されている同じ種類のデータです。

宛先リストの編集

宛先リストに設定した宛先を並べ替えたり、宛先から外したりすることができます。
宛先リストの宛先を編集する方法は、次のとおりです。

◆《差し込み文書》タブ→《差し込み印刷の開始》グループの （アドレス帳の編集）

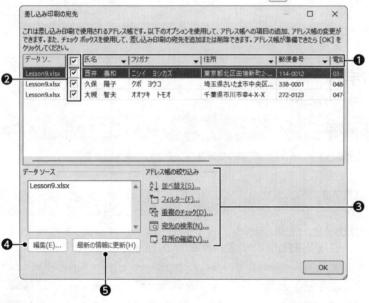

❶列見出し
列見出しをクリックすると、データを並べ替えできます。
　をクリックすると、条件を指定してデータを抽出したり、並べ替えたりできます。

❷チェックボックス
宛先として差し込むデータを個別に指定できます。

☑：宛先として差し込みます。

☐：宛先として差し込みません。

❸アドレス帳の絞り込み
宛先リストとして指定したデータに対して、並べ替えや抽出を行ったり、重複しているフィールドがないかをチェックしたりできます。

❹編集
差し込んだ宛先リストを編集します。

❺最新の情報に更新
宛先リストを再度読み込んで、変更内容を更新します。

標準的な操作手順

ページ設定の変更

① 《レイアウト》タブ→《ページ設定》グループの ⌐▽ (ページ設定) をクリック

② 《用紙》タブを選択

③ 《用紙サイズ》の ▽ をクリックし、一覧から《はがき》を選択
※お使いの環境によって、用紙サイズに「はがき」がない場合は、任意のサイズを選択しましょう。

④ 《余白》タブを選択

⑤ 《印刷の向き》の《縦》をクリック

⑥ 《余白》の《上》《下》《左》《右》をそれぞれ「8mm」に設定

⑦ 《文字数と行数》タブを選択

⑧ 《行数》の《行数》を「24」に設定

⑨ 《フォントの設定》をクリック

⑩ 《フォント》タブを選択

⑪ 《サイズ》の一覧から《9》を選択

⑫ 《OK》をクリック

⑬ 《OK》をクリック

文字の入力

① 次のように文字を入力

セミナー受講票↵
拝啓□春寒の候、ますます御健勝のこととお慶び申し上げ
ます。平素は格別のご高配を賜り、厚く御礼申し上げます。↵
□この度は、弊社セミナーにお申し込みいただき、誠にあり
がとうございます。当日は、受講票としてこのはがきをご持
参ください。↵
□当日のご来場を心よりお待し上げております。↵
　　　　　　　　　　　　　　　　　　　　　　　敬具↵
　　　　　　　　　　　　記↵
お名前：□様↵
セミナー名：↵
開催日時：↵
開催場所：弊社□新宿FOMビル□23階↵
セミナールームA↵
　　　　　　　　　　　　　　　　　　　以上↵

↵

※↵で Enter を押して改行します。
※□は全角空白を表します。
※「拝啓」と入力して改行すると、2行下に「敬具」が右揃えで挿入されます。
※「記」と入力して改行すると、自動的に中央揃えが設定され、2行下に「以上」が右揃えで挿入されます。

表題の書式設定

① 「セミナー受講票」の行を選択

② 《ホーム》タブ→《段落》グループの ⊞・（罫線）の ・→《線種とページ罫線と網かけの設定》をクリック

③ 《網かけ》タブを選択

④ 《背景の色》の ・ をクリックし、一覧から《テーマの色》の《青、アクセント1》（左から5番目、上から1番目）を選択

⑤ 《設定対象》の ・ をクリックし、一覧から《段落》を選択

⑥ 《OK》をクリック

⑦ 《ホーム》タブ→《フォント》グループの 游明朝 (本文のフォン・ （フォント）の ・→《MSPゴシック》をクリック

⑧ 《ホーム》タブ→《フォント》グループの 9 ・ （フォントサイズ）の ・→《20》をクリック

⑨ 《ホーム》タブ→《フォント》グループの A・ （フォントの色）の ・→《テーマの色》の《白、背景1》（左から1番目、上から1番目）をクリック

⑩ 《ホーム》タブ→《段落》グループの ≡ （中央揃え）をクリック

均等割り付けの設定

① 「お名前」を選択

② [Ctrl] を押しながら、「開催日時」、「開催場所」を選択

③ 《ホーム》タブ→《段落》グループの ≣ （均等割り付け）をクリック

④ 《新しい文字列の幅》を「5字」に設定

⑤ 《OK》をクリック

インデントの設定

① 「セミナールームA」の行にカーソルを移動

※行内であれば、どこでもかまいません。

② 《レイアウト》タブ→《段落》グループの《インデント》の 王左: （左インデント）を「6字」に設定

図形の作成

① 《挿入》タブ→《図》グループの 🔲 図形・ （図形の作成）→《四角形》の ▢ （四角形：角を丸くする）（左から2番目）をクリック

② 開始位置から終了位置までドラッグして図形を作成

③ 図形が選択されていることを確認

④ 次のように文字を入力

> お問い合わせ先↵
> 株式会社FOMビジネスファイナンス↵
> 〒160-0023□東京都新宿区西新宿2-X-X↵
> 新宿FOMビル↵
> TEL：03-5321-XXXX↵
> 受付時間□10:00～18:00（土日祝除く）

※↵で [Enter] を押して改行します。
※□は全角空白を表します。
※「〒」は「ゆうびん」と入力して変換します。
※郵便番号を入力して [_____] を押すと、該当する住所が変換候補として表示されます。住所を入力するときに使うと効率的です。
※「～」は「から」と入力して変換します。

図形の書式設定

① 図形を選択

※図形の枠線をクリックして、図形全体を選択します。

②《図形の書式》タブ→《図形のスタイル》グループの ▽ →《テーマスタイル》の《パステル-青、アクセント5》（左から6番目、上から4番目）をクリック

図形内の文字の書式設定

① 図形を選択

②《ホーム》タブ→《フォント》グループの 游明朝 (本文のフォン ▾ （フォント）の ▾ →《MSPゴシック》をクリック

③「株式会社FOMビジネスファイナンス」を選択

④ Ctrl を押しながら、「TEL：03-5321-XXXX」を選択

⑤《ホーム》タブ→《フォント》グループの 9 ▾ （フォントサイズ）の ▾ →《11》をクリック

⑥《ホーム》タブ→《フォント》グループの B （太字）をクリック

差し込み印刷の設定

①《差し込み文書》タブ→《差し込み印刷の開始》グループの 差し込み印刷の開始 （差し込み印刷の開始）→《レター》をクリック

②《差し込み文書》タブ→《差し込み印刷の開始》グループの 宛先の選択 （宛先の選択）→《既存のリストを使用》をクリック

③ 保存先のフォルダーを選択

④「Lesson9」を選択

⑤《開く》をクリック

⑥「Sheet1$」を選択

⑦《先頭行をタイトル行として使用する》を ✔ にする

⑧《OK》をクリック

差し込みフィールドの挿入

①「お名前：」のうしろにカーソルを移動

②《差し込み文書》タブ→《文章入力とフィールドの挿入》グループの 差し込みフィールドの挿入 （差し込みフィールドの挿入）の 差し込みフィールドの挿入 ▾ →「氏名」をクリック

③「セミナー名：」のうしろにカーソルを移動

④《差し込み文書》タブ→《文章入力とフィールドの挿入》グループの 差し込みフィールドの挿入 （差し込みフィールドの挿入）の 差し込みフィールドの挿入 ▾ →「セミナー名」をクリック

⑤「開催日時：」のうしろにカーソルを移動

⑥《差し込み文書》タブ→《文章入力とフィールドの挿入》グループの 差し込みフィールドの挿入 （差し込みフィールドの挿入）の 差し込みフィールドの挿入 ▾ →「開催日時」をクリック

差し込みフィールドの書式設定

①「《氏名》」を選択

② Ctrl を押しながら、「《セミナー名》」と「《開催日時》」を選択

③《ホーム》タブ→《フォント》グループの B （太字）をクリック

結果のプレビュー

①《差し込み文書》タブ→《結果のプレビュー》グループの 結果のプレビュー をクリック

②《差し込み文書》タブ→《結果のプレビュー》グループの ▷ （次のレコード）をクリック

※《差し込み文書》タブ→《結果のプレビュー》グループの ▷ （次のレコード）をクリックして、すべてのレコードが差し込まれることを確認しましょう。
確認できたら、《差し込み文書》タブ→《結果のプレビュー》グループの ◁ （先頭のレコード）をクリックして、先頭のレコードを表示しておきましょう。

印刷の実行

①《差し込み文書》タブ→《完了》グループの 完了と差し込み （完了と差し込み）→《文書の印刷》をクリック

②《すべて》を ⦿ にする

③《OK》をクリック

④《OK》をクリック

STEP UP **宛先の表示の切り替え**

宛先の表示を切り替えるには、《結果のプレビュー》グループの次のボタンを使います。

❶ ❷ ❸ ❹

❶先頭のレコード
宛先リストの1件目の宛先を表示します。

❷前のレコード
宛先リストの前の宛先を表示します。

❸次のレコード
宛先リストの次の宛先を表示します。

❹最後のレコード
宛先リストの最後の宛先を表示します。

ケーススタディ5
宛名ラベル印刷

問題

完成した「受講票」を上司に見せたところ、「はがきに貼る宛名ラベルも作成して発送の準備をしてください。」と指示されました。

以下の条件に従って、Wordで新規に文書を作成してください。

OPEN

W 新しい文書

条件

①「郵便番号」「住所」「氏名」は、Lesson9で作成した「セミナー申込者一覧表」からデータを差し込んで宛先とすること。

②宛名ラベルにバランスよくレイアウトすること。

③宛名ラベルが見やすくなるように、書式を適宜設定すること。

④印刷しないラベルには何も表示しないこと。

※作成した文書に「Lesson11」と名前を付けて保存しましょう。

標準的な完成例とアドバイス

以下の完成例に仕上げるために、次のような点に気を付けて作成しましょう。

- 宛名ラベルを作成するには、差し込み印刷と同様に「ひな形の文書」と「宛先リスト」が必要です。
- 宛名ラベルに差し込み印刷をする場合は、既存の住所録ファイルを指定できます。指示をよく読み、どの住所録のどの項目を使うのか確認しましょう。
- 印刷を実行する前に、すべてのレコードが差し込まれていることを確認しましょう。

■ 完成例

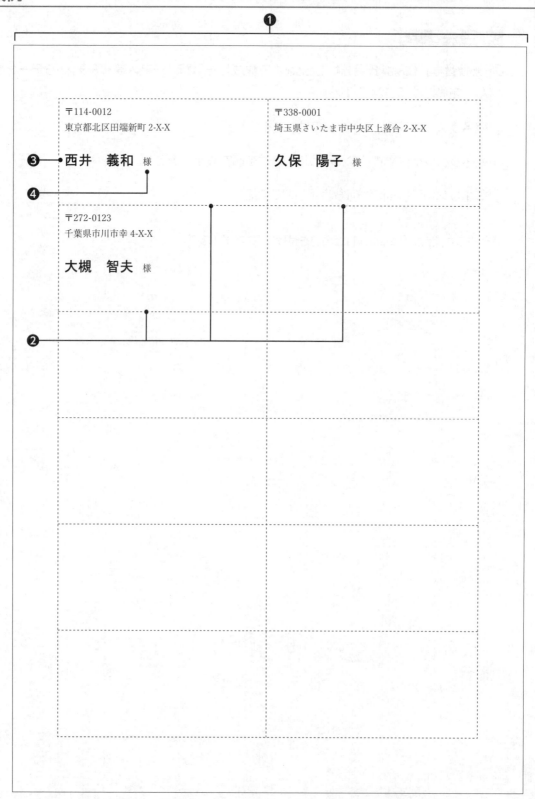

❶ ラベルの設定

完成例では、ひな形の文書として、次のようにラベルを設定しています。

```
プリンター      ：ページプリンター
ラベルの製造元：A-ONE
製品番号       ：A-ONE72212
```

❷ 宛名ラベル印刷

ここでは、Lesson9で作成した一覧表から「郵便番号」「住所」「氏名」を差し込んで宛名ラベルを
作成します。

❸ 氏名

完成例では、ラベルの氏名に次のような書式を設定しています。

```
フォント        ：MSゴシック
フォントサイズ ：16ポイント
太字
```

❹ 敬称

宛先に合わせて敬称を使い分けましょう。

ここでは、宛先が個人名なので「様」を使います。

STEP UP **ひな形の文書の保存**

ひな形の文書を保存すると、差し込み印刷の設定も保存されます。次回、同じ宛先に文書を印刷するときは、ひな
形の文書を編集するだけで、差し込み印刷の設定は必要ありません。

また、保存したひな形の文書を開くと、次のようなメッセージが表示される場合があります。作成時に指定した宛
先リストからデータを挿入する場合は、《はい》をクリックします。

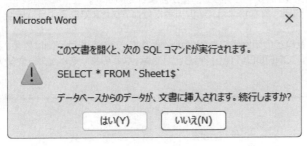

1件の宛先をラベルに印刷する

1件の宛先をひな形の文書のすべてのラベル、または1枚のラベルに印刷できます。
1件の宛先をひな形の文書のラベルに印刷する方法は、次のとおりです。

◆《差し込み文書》タブ→《作成》グループの （ラベル）→《ラベル》タブ→《宛先》に宛先を入力→《 ● すべてのラベルに
　印刷する》/《 ● 1枚のラベルに印刷する》

個人情報の取り扱い

申込者の情報には、氏名や住所など個人のプライバシーに関わる情報が含まれています。
このような個人情報は、外部に漏えいして悪用されないように、担当者だけがアクセスできるような安全な場所に
保管する必要があります。
また、データだけではなく、申込者の一覧表などの印刷物にも配慮が必要です。できるだけ印刷は控え、どうして
も印刷する必要がある場合は、「取扱注意」「CONFIDENTIAL」「持ち出し厳禁」などの文字をヘッダーやフッター、透
かしとして設定するとよいでしょう。

標準的な操作手順

宛名ラベル印刷の設定

① 《差し込み文書》タブ→《差し込み印刷の開始》グループの [📄 差し込み印刷の開始] (差し込み印刷の開始)→《ラベル》をクリック

② 《ページプリンター》を ⦿ にする

③ 《ラベルの製造元》の ⌄ をクリックし、一覧から《A-ONE》を選択

④ 《製品番号》の一覧から《A-ONE72212》を選択

⑤ 《OK》をクリック

宛先の設定

① 《差し込み文書》タブ→《差し込み印刷の開始》グループの [📄 宛先の選択] (宛先の選択)→《既存のリストを使用》をクリック

② 保存先のフォルダーを選択

③ 「Lesson9」を選択

④ 《開く》をクリック

⑤ 「Sheet1$」を選択

⑥ 《先頭行をタイトル行として使用する》を ✓ にする

⑦ 《OK》をクリック

※2枚目以降のラベルの位置に「《Next Record》」と表示されます。

STEP UP

Next Recordフィールド

《Next Record》は、1つのひな形の文書に複数のレコードを挿入する場合に、2件目以降のレコードの挿入位置を示します。

宛名ラベルは、ラベルに複数の異なる宛先を挿入するため、宛先リストを設定すると、2枚目以降のラベルに《Next Record》が自動的に挿入されます。

差し込みフィールドの挿入

① ラベルの1件目の1行目にカーソルがあることを確認

② 「〒」と入力
※「〒」は「ゆうびん」と入力して変換します。

③ 「〒」のうしろにカーソルがあることを確認

④ 《差し込み文書》タブ→《文章入力とフィールドの挿入》グループの [📄 差し込みフィールドの挿入] (差し込みフィールドの挿入) の [差し込みフィールドの挿入 ⌄] →
《郵便番号》をクリック

⑤ 2行目にカーソルを移動

⑥ 《差し込み文書》タブ→《文章入力とフィールドの挿入》グループの [📄 差し込みフィールドの挿入] (差し込みフィールドの挿入) の [差し込みフィールドの挿入 ⌄] →
《住所》をクリック

⑦ [Enter] を2回押す

⑧ 4行目にカーソルがあることを確認

⑨ 《差し込み文書》タブ→《文章入力とフィールドの挿入》グループの [📄 差し込みフィールドの挿入] (差し込みフィールドの挿入) の [差し込みフィールドの挿入 ⌄] →
《氏名》をクリック

⑩「《氏名》」に続けて、「□様」と入力

※□は全角空白を表します。

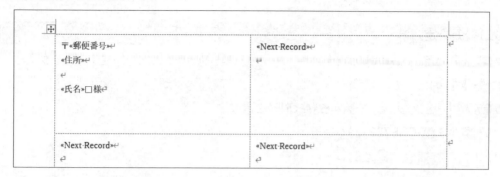

差し込みフィールドの書式設定

① 4行目の「《氏名》」を選択

②《ホーム》タブ→《フォント》グループの 游明朝 (本文のフォン ▼ (フォント) の ▼ →《MSゴシック》をクリック

③《ホーム》タブ→《フォント》グループの 10.5 ▼ (フォントサイズ) の ▼ →《16》をクリック

④《ホーム》タブ→《フォント》グループの B (太字) をクリック

複数ラベルへの反映

①《差し込み文書》タブ→《文章入力とフィールドの挿入》グループの [複数ラベルに反映] (複数ラベルに反映) をクリック

結果のプレビュー

①《差し込み文書》タブ→《結果のプレビュー》グループの [結果のプレビュー] (結果のプレビュー) をクリック

② ラベルに入力されている余分な「〒」「□様」を削除

※3件しか入力されていないため、ほかのプレビューの文字は削除します。

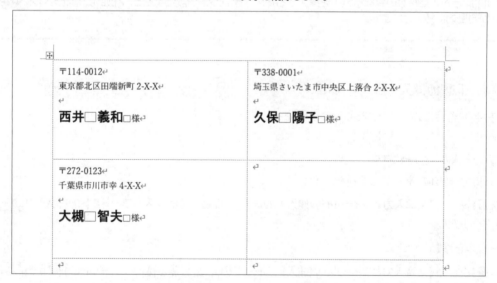

印刷の実行

①《差し込み文書》タブ→《完了》グループの [完了と差し込み] (完了と差し込み) →《文書の印刷》をクリック

②《すべて》を ◉ にする

③《OK》をクリック

④《OK》をクリック

ケーススタディ6

Webサイトへのアクセス数を集計・分析する

Lesson12　アクセス数の集計 ……………………………………… 93
Lesson13　アクセス数の分析 ……………………………………… 103

ケーススタディ6
アクセス数の集計

問題

あなたは、スポーツ用品を販売するFOMスポーツ株式会社の宣伝部に所属し、Webサイトの運営・管理を担当しています。このほど、新聞折り込みちらしで取扱商品を宣伝し、URLの掲載も行いました。

上司から「新聞折り込みちらしを実施した2024年2月12日（月）を基準に、前後1週間のWebサイトへのアクセス数を集計して報告してください。また著しくちらしの効果があった日にちがひと目でわかるようにしてください。」と指示されました。

以下の条件に従って、Excelで新規にブックを作成してください。

OPEN

E 新しいブック

条件

①表題は「新聞折り込みちらしによるWebアクセス効果」とすること。

②次の表から、必要なデータを抽出すること。

日付	商品案内	店舗案内	イベント案内
2月1日（木）	1011	382	209
2月2日（金）	1045	332	187
2月3日（土）	1036	348	245
2月4日（日）	1099	363	247
2月5日（月）	1282	423	228
2月6日（火）	1172	254	241
2月7日（水）	1314	351	111
2月8日（木）	1204	266	325
2月9日（金）	1180	257	309
2月10日（土）	1213	280	341
2月11日（日）	1157	259	328
2月12日（月）	2920	841	810
2月13日（火）	2275	763	734
2月14日（水）	2085	578	758
2月15日（木）	1951	563	566
2月16日（金）	1810	547	590
2月17日（土）	1822	532	469
2月18日（日）	1684	517	493
2月19日（月）	1610	547	490

日付	商品案内	店舗案内	イベント案内
2月20日（火）	1622	502	369
2月21日（水）	1584	517	293
2月22日（木）	1327	501	241
2月23日（金）	1451	470	421
2月24日（土）	1230	455	418
2月25日（日）	1141	440	304
2月26日（月）	1253	424	387
2月27日（火）	1164	409	224
2月28日（水）	1176	394	258
2月29日（木）	1087	378	312

③1日単位の合計を求めること。

④新聞折り込みちらし実施前1週間（2/5～2/11）と実施後1週間（2/12～2/18）のカテゴリ別の合計と平均をそれぞれ求めること。

⑤新聞折り込みちらし実施前1週間（2/5～2/11）と実施後1週間（2/12～2/18）でアクセス数が伸びた比率を求めること。

⑥新聞折り込みちらし実施前1週間（2/5～2/11）と実施後1週間（2/12～2/18）のアクセス数合計の推移をデータバーを使ってわかりやすくすること。

⑦ヘッダーの右側に「2024/3/5」と所属名を入れること。

⑧表をA4横1ページにバランスよく印刷すること。

※作成したブックに「Lesson12」と名前を付けて保存しましょう。

標準的な完成例とアドバイス

以下の完成例に仕上げるために、次のような点に気を付けて作成しましょう。

- 2024年2月分のデータがすべて用意されていますが、この中から2月5日(月)～2月18日(日)の データを取り出して、表を作成します。Excelに数値を転記する際は、間違えないように注意し ましょう。ひとつでも数値が異なると結果も異なってしまいます。
- 数値の大小関係が視覚的にわかるように目立たせるには条件付き書式を使うとよいでしょう。 条件付き書式には、データバー、カラースケール、アイコンセットなどの種類があるので、データの 内容に合わせて最適なものを選びます。

■ 完成例

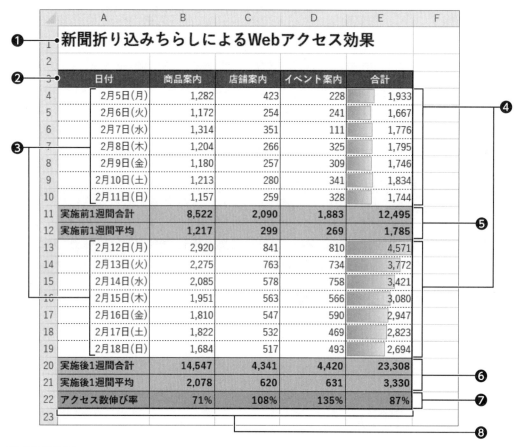

● 印刷結果

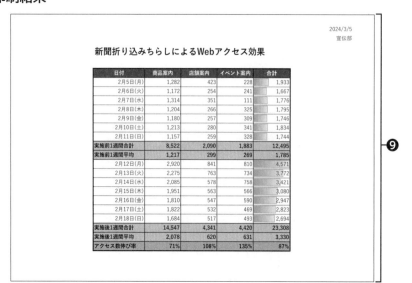

95

❶表題

完成例では、表題のセルに次のような書式を設定しています。

> フォントサイズ：18ポイント
> 太字

❷項目名

完成例では、項目名のセルに次のような書式を設定しています。

> 塗りつぶしの色：緑、アクセント6、黒＋基本色25％
> フォントの色　　：白、背景1
> 太字
> 中央揃え

❸日付と数値の表示形式

連続する日付は、オートフィル機能を使って入力すると効率的です。

日付には、ユーザー定義の表示形式を設定して、月日を入力すると自動的に曜日が表示されるようにしています。

また、数値のセルには「桁区切りスタイル」を設定しています。

STEP UP　日付の表示形式

日付の表示形式の設定例は、次のとおりです。

表示形式	入力データ	表示結果	備考
yyyy/m/d	2024/3/5	2024/3/5	
yyyy/mm/dd	2024/3/5	2024/03/05	月日が1桁の場合、「0」を付けて表示する
yyyy/m/d ddd	2024/3/5	2024/3/5 Tue	
yyyy/m/d (ddd)	2024/3/5	2024/3/5 (Tue)	
yyyy/m/d dddd	2024/3/5	2024/3/5 Tuesday	
yyyy"年"m"月"d"日"	2024/3/5	2024年3月5日	
yyyy"年"mm"月"dd"日"	2024/3/5	2024年03月05日	月日が1桁の場合、「0」を付けて表示する
ggge"年"m"月"d"日"	2024/3/5	令和6年3月5日	元号で表示する
m"月"d"日"	2024/3/5	3月5日	
m"月"d"日" aaa	2024/3/5	3月5日 火	
m"月"d"日" (aaa)	2024/3/5	3月5日(火)	
m"月"d"日" aaaa	2024/3/5	3月5日 火曜日	
aaa	2024/3/5	火	

❹1日のアクセス数の合計

SUM関数を使って、1日のアクセス数の合計を求めます。

また、合計には、条件付き書式を設定して目立たせています。

完成例では、次のような条件付き書式を設定しています。

> オレンジのグラデーションのデータバー

また、合計のセルには「桁区切りスタイル」を設定しています。

❺実施前1週間のアクセス数の合計・平均

SUM関数を使って、新聞折り込みちらしを実施する前の1週間（2/5〜2/11）のアクセス数の合計を求めます。

AVERAGE関数を使って、新聞折り込みちらしを実施する前の1週間（2/5〜2/11）のアクセス数の平均を求めます。

完成例では、合計と平均のセルに次のような書式を設定しています。

> 塗りつぶしの色：緑、アクセント6、白＋基本色60%
> 太字

また、合計と平均のセルには「桁区切りスタイル」を設定しています。

❻実施後1週間のアクセス数の合計・平均

SUM関数を使って、新聞折り込みちらしを実施したあとの1週間（2/12〜2/18）のアクセス数の合計を求めます。

AVERAGE関数を使って、新聞折り込みちらしを実施したあとの1週間（2/12〜2/18）のアクセス数の平均を求めます。

完成例では、合計と平均のセルに次のような書式を設定しています。

> 塗りつぶしの色：緑、アクセント6、白＋基本色60%
> 太字

また、合計と平均のセルには「桁区切りスタイル」を設定しています。

❼アクセス数伸び率

次の数式で、実施前の1週間（2/5〜2/11）と実施後の1週間（2/12〜2/18）でアクセス数がどれくらい伸びたかの比率を求めます。

> 伸び率＝（実施後1週間の合計－実施前1週間の合計）÷実施前1週間の合計

完成例では、アクセス数伸び率のセルに次のような書式を設定しています。

> 塗りつぶしの色：緑、アクセント6、白＋基本色40%
> 太字

また、アクセス数伸び率のセルには「パーセントスタイル」を設定しています。

❽罫線

表の見栄えをよくするために、格子の罫線を付けます。

完成例では、そのほかにも次のような書式を設定しています。

> 表周囲の罫線：太い外枠
> 1日のアクセス数の合計内の内側の横線：点線

❾ページ設定

完成例では、次のようにページ設定を変更しています。

印刷の向き ：横
拡大縮小印刷：110%
ページ中央に配置

STEP UP 条件付き書式

「条件付き書式」を使うと、ルール（条件）に基づいてセルに特定の書式を設定したり、数値の大小関係が視覚的にわかるように装飾したりできます。興味を引くデータや異常なデータを強調するときに利用します。
条件付き書式には、次のようなものがあります。

●セルの強調表示ルール
「指定の値に等しい」「指定の値より大きい」「指定の文字列を含む」などのルールに基づいて、該当するセルに特定の書式を設定します。

●上位/下位ルール
「上位5項目」「下位30%」「平均より上」などのルールに基づいて、該当するセルに特定の書式を設定します。

●データバー
選択したセル範囲の中で数値の大小関係を比較して、バーで表示します。

オンラインショッピングの利用に関するアンケート

【1年以内にオンラインショッピングで購入したもの】（複数回答）

	10代	20代	30代	40代	50代以上	合計
書籍・雑誌	481	1,464	2,224	1,502	512	6,183
食料品・飲料	18	1,317	2,002	1,854	605	5,796
衣料品	36	1,314	1,997	1,012	375	4,734
CD・DVD	356	1,115	1,695	815	125	4,106
化粧品	61	988	1,501	1,104	114	3,768
生活用品	20	891	1,487	1,145	397	3,940
家電製品	42	727	1,105	987	207	3,068
ゲーム・おもちゃ	345	683	1,038	301	32	2,399
イベントチケット	98	441	670	315	101	1,625
その他	14	267	406	274	106	1,067
合計	1,471	9,207	14,125	9,309	2,574	36,686

●カラースケール
選択したセル範囲の中で数値の大小関係を比較して、段階的に色分けして表示します。

オンラインショッピングの利用に関するアンケート

【1年以内にオンラインショッピングで購入したもの】（複数回答）

	10代	20代	30代	40代	50代以上	合計
書籍・雑誌	481	1,464	2,224	1,502	512	6,183
食料品・飲料	18	1,317	2,002	1,854	605	5,796
衣料品	36	1,314	1,997	1,012	375	4,734
CD・DVD	356	1,115	1,695	815	125	4,106
化粧品	61	988	1,501	1,104	114	3,768
生活用品	20	891	1,487	1,145	397	3,940
家電製品	42	727	1,105	987	207	3,068
ゲーム・おもちゃ	345	683	1,038	301	32	2,399
イベントチケット	98	441	670	315	101	1,625
その他	14	267	406	274	106	1,067
合計	1,471	9,207	14,125	9,309	2,574	36,686

●アイコンセット
選択したセル範囲の中で数値の大小関係を比較して、アイコンの図柄で表示します。

オンラインショッピングの利用に関するアンケート

【1年以内にオンラインショッピングで購入したもの】（複数回答）

	10代	20代	30代	40代	50代以上	合計
書籍・雑誌	481	1,464	2,224	1,502	512	6,183
食料品・飲料	18	1,317	2,002	1,854	605	5,796
衣料品	36	1,314	1,997	1,012	375	4,734
CD・DVD	356	1,115	1,695	815	125	4,106
化粧品	61	988	1,501	1,104	114	3,768
生活用品	20	891	1,487	1,145	397	3,940
家電製品	42	727	1,105	987	207	3,068
ゲーム・おもちゃ	345	683	1,038	301	32	2,399
イベントチケット	98	441	670	315	101	1,625
その他	14	267	406	274	106	1,067
合計	1,471	9,207	14,125	9,309	2,574	36,686

標準的な操作手順

データの入力

①次のようにデータを入力

	A	B	C	D	E
1	新聞折り込みちらしによるWebアクセス効果				
2					
3	日付	商品案内	店舗案内	イベント案内	合計
4	2024/2/5	1282	423	228	
5	2024/2/6	1172	254	241	
6	2024/2/7	1314	351	111	
7	2024/2/8	1204	266	325	
8	2024/2/9	1180	257	309	
9	2024/2/10	1213	280	341	
10	2024/2/11	1157	259	328	
11	実施前1週間合計				
12	実施前1週間平均				
13	2024/2/12	2920	841	810	
14	2024/2/13	2275	763	734	
15	2024/2/14	2085	578	758	
16	2024/2/15	1951	563	566	
17	2024/2/16	1810	547	590	
18	2024/2/17	1822	532	469	
19	2024/2/18	1684	517	493	
20	実施後1週間合計				
21	実施後1週間平均				
22	アクセス数伸び率				
23					

列の幅の変更

①列番号【A】を右クリック

②《列の幅》をクリック

③《列の幅》に「17」と入力

④《OK》をクリック

⑤列番号【B:E】を選択

⑥選択した列番号を右クリック

⑦《列の幅》をクリック

⑧《列の幅》に「12」と入力

⑨《OK》をクリック

合計の算出

① セル範囲【B4：E11】を選択

②《ホーム》タブ→《編集》グループの $\boxed{\Sigma}$ （合計）をクリック

③ セル範囲【B13：E20】を選択

④《ホーム》タブ→《編集》グループの $\boxed{\Sigma}$ （合計）をクリック

※セル範囲【E4：E10】とセル範囲【E13：E19】には、セル左上に $\boxed{}$ （エラーインジケータ）が表示されます。これは、合計するセル範囲と隣接するセルに数値（日付）が入力されているためです。エラーではないので、エラーを無視します。

⑤ セル範囲【E4：E19】を選択

⑥ ⚠ をクリック

※ ⚠ をポイントすると、⚠▾ になります。

※お使いの環境によっては、◈ が表示される場合があります。

⑦《エラーを無視する》をクリック

STEP UP エラーチェック

数式にエラーがあるかもしれない場合、数式を入力したセルを選択すると ⚠ が表示されます。
⚠ をクリックすると表示される一覧から、エラーを確認したりエラーを修正したりできます。

⚠▾	4571
数式は隣接したセルを使用していません	
数式を更新してセルを含める(U)	
このエラーに関するヘルプ(H)	
エラーを無視する(I)	
数式バーで編集(F)	
エラー チェック オプション(O)...	

平均の算出

① セル【B12】をクリック

②《ホーム》タブ→《編集》グループの $\boxed{\Sigma}\boxed{\cdot}$ （合計）の $\boxed{\cdot}$ →《平均》をクリック

③ セル範囲【B4：B10】を選択

④ $\boxed{\text{Enter}}$ を押す

⑤ セル【B12】を選択し、セル右下の ■（フィルハンドル）をセル【E12】までドラッグ

※ $\boxed{}$ （エラーインジケータ）が表示される場合は、⚠ →《エラーを無視する》をクリックしておきましょう。

⑥ セル【B21】をクリック

⑦《ホーム》タブ→《編集》グループの $\boxed{\Sigma}\boxed{\cdot}$ （合計）の $\boxed{\cdot}$ →《平均》をクリック

⑧ セル範囲【B13：B19】を選択

⑨ $\boxed{\text{Enter}}$ を押す

⑩ セル【B21】を選択し、セル右下の ■（フィルハンドル）をセル【E21】までドラッグ

伸び率の算出

① セル【B22】に「＝(B20-B11)/B11」と入力

② セル【B22】を選択し、セル右下の ■（フィルハンドル）をセル【E22】までドラッグ

表題の書式設定

① セル【A1】をクリック

②《ホーム》タブ→《フォント》グループの 11 ▾ (フォントサイズ) の ▾ →《18》をクリック

③《ホーム》タブ→《フォント》グループの B (太字) をクリック

罫線の設定

① セル範囲【A3：E22】を選択

②《ホーム》タブ→《フォント》グループの ⊞ ▾ (下罫線) の ▾ →《格子》をクリック

③《ホーム》タブ→《フォント》グループの ⊞ ▾ (格子) の ▾ →《太い外枠》をクリック

④ セル範囲【A4：E10】を選択

⑤ Ctrl を押しながら、セル範囲【A13：E19】を選択

⑥《ホーム》タブ→《フォント》グループの ⌐ (フォントの設定) をクリック

⑦《罫線》タブを選択

⑧《スタイル》の一覧から《----------》を選択

⑨《罫線》の ⊟ をクリック

⑩《OK》をクリック

項目名の書式設定

① セル範囲【A3：E3】を選択

②《ホーム》タブ→《フォント》グループの ◇ ▾ (塗りつぶしの色) の ▾ →《テーマの色》の《緑、アクセント6、黒＋基本色25%》(左から10番目、上から5番目) をクリック

③《ホーム》タブ→《フォント》グループの A ▾ (フォントの色) の ▾ →《テーマの色》の《白、背景1》(左から1番目、上から1番目) をクリック

④《ホーム》タブ→《フォント》グループの B (太字) をクリック

⑤《ホーム》タブ→《配置》グループの ≡ (中央揃え) をクリック

集計行の書式設定

① セル範囲【A11：E12】を選択

② Ctrl を押しながら、セル範囲【A20：E21】を選択

③《ホーム》タブ→《フォント》グループの ◇ ▾ (塗りつぶしの色) の ▾ →《テーマの色》の《緑、アクセント6、白＋基本色60%》(左から10番目、上から3番目) をクリック

④《ホーム》タブ→《フォント》グループの B (太字) をクリック

⑤ セル範囲【A22：E22】を選択

⑥《ホーム》タブ→《フォント》グループの ◇ ▾ (塗りつぶしの色) の ▾ →《テーマの色》の《緑、アクセント6、白＋基本色40%》(左から10番目、上から4番目) をクリック

⑦《ホーム》タブ→《フォント》グループの B (太字) をクリック

表示形式の設定

① セル範囲【A4：A10】を選択

② Ctrl を押しながら、セル範囲【A13：A19】を選択

③《ホーム》タブ→《数値》グループの 🔲 (表示形式) をクリック

④《表示形式》タブを選択

⑤《分類》の一覧から《ユーザー定義》を選択

⑥《種類》に「m"月"d"日"(aaa)」と入力

⑦《OK》をクリック

⑧ セル範囲【B4：E21】を選択

⑨《ホーム》タブ→《数値》グループの 🔲 (桁区切りスタイル) をクリック

⑩ セル範囲【B22：E22】を選択

⑪《ホーム》タブ→《数値》グループの % (パーセントスタイル) をクリック

条件付き書式の設定

① セル範囲【E4：E10】を選択

② Ctrl を押しながら、セル範囲【E13：E19】を選択

③《ホーム》タブ→《スタイル》グループの 📊 条件付き書式 ▾ (条件付き書式)→《データバー》→《塗りつぶし (グラデーション)》の《オレンジのデータバー》(左から1番目、上から2番目) をクリック

ヘッダーの設定

① ステータスバーの 🔲 (ページレイアウト) をクリック

② ヘッダーの右側をクリック

③「2024/3/5」と入力

④ Enter を押して改行

⑤「宣伝部」と入力

⑥ ヘッダー以外の場所をクリック

※ステータスバーの 🔲 (標準) をクリックして、もとの表示に戻しておきましょう。

ページ設定の変更と印刷

①《ファイル》タブ→《印刷》をクリック

②《設定》の《ページ設定》をクリック

③《ページ》タブを選択

④《印刷の向き》の《横》を ⦿ にする

⑤《拡大縮小印刷》の《拡大/縮小》を ⦿ にし、「110」%に設定

⑥《用紙サイズ》の ▾ をクリックし、一覧から《A4》を選択

⑦《余白》タブを選択

⑧《ページ中央》の《水平》と《垂直》をそれぞれ ☑ にする

⑨《OK》をクリック

⑩ 印刷イメージを確認

⑪《印刷》をクリック

アクセス数の分析

問題

あなたが作成した「新聞折り込みちらしによるWebアクセス効果」の表を上司に見せたところ、「日々の推移をグラフ化して、視覚的にわかりやすくしてください。」と指示されました。

以下の条件に従って、Excelでブックを編集してください。

OPEN

E Lesson12

条件

①グラフシートに適切な種類のグラフを作成すること。

②グラフタイトルは「Webアクセス数の推移　2024/2/5～2024/2/18」とすること。

③新聞折り込みちらしを実施した日がひと目でわかるようにすること。

④グラフが見やすくなるように、書式を適宜設定すること。

※作成したブックに「Lesson13」と名前を付けて保存しましょう。

標準的な完成例とアドバイス

以下の完成例に仕上げるために、次のような点に気を付けて作成しましょう。

- グラフには様々な種類があり、それぞれ特長があります。グラフの特長を正しく理解し、伝える内容に適したグラフを利用します。例えば、全体に対して各項目がどれくらいの割合を占めるかを伝える場合は円グラフ、ある期間におけるデータの推移を伝える場合は折れ線グラフや棒グラフが適しています。
  ここでは、Webアクセス数の増減をグラフ化するため、大小関係の比較およびデータの推移を表現できる棒グラフが適しています。
- グラフの項目数が多い場合や、グラフ内に吹き出しを入れる場合は、グラフシートにグラフを移動してグラフを大きく表示するとよいでしょう。
- 新聞折り込みちらしを実施した日がひと目でわかるようにするためには、実施日のデータ系列にマークを付けたり、図形を追加したりして目立たせると効果的です。

■ 完成例

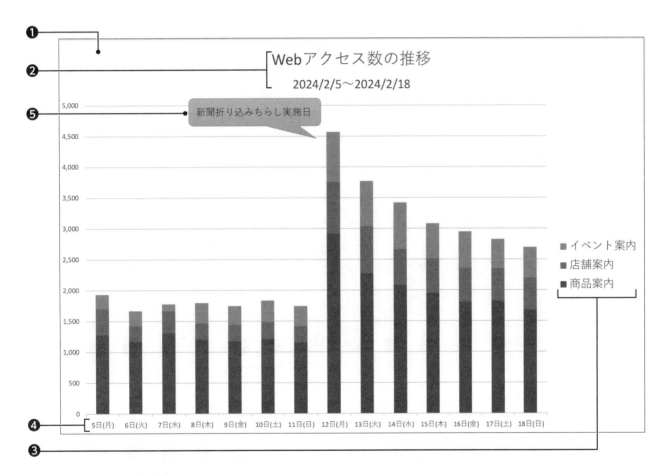

❶グラフの種類

完成例では、積み上げ縦棒グラフに次のような書式を設定しています。

グラフのレイアウト：レイアウト10

STEP UP
グラフの種類

Excelでは、縦棒・横棒・折れ線・円などの基本グラフが用意されており、さらに、基本の各グラフには形状をアレンジしたパターンが複数用意されています。

用　　　途	主なグラフの種類
大小関係を表現する	縦棒、横棒
内訳を表現する	円、積み上げ縦棒、積み上げ横棒
時間の経過による推移を表現する	折れ線、面、縦棒、横棒
複数項目の比較やバランスを表現する	レーダー
分布を表現する	散布図

❷ グラフタイトル

完成例では、グラフタイトルを2行に分けて、それぞれ次のような書式を設定しています。

フォントサイズ：20ポイント
フォントサイズ：16ポイント

Webアクセス数の推移
2024/2/5〜2024/2/18

❸ 凡例

完成例では、凡例に次のような書式を設定しています。

フォントサイズ：14ポイント

❹ 項目軸

初期の設定では、項目軸には「2月5日（月）」や「2月6日（火）」のようにセルの内容がそのまま表示されます。この場合、項目軸に多くの文字が並んで、データが読み取りにくくなります。
グラフタイトルに対象月が明記されているので、完成例では「5日（月）」や「6日（火）」のように「2月」を表示しない設定に変更しています。

● 設定前

● 設定後

❺ 図形の作成

完成例では、新聞折り込みちらしを実施した日がひと目でわかるように、「吹き出し：角を丸めた四角形」の図形を作成し、文字を追加しています。
図形には、次のような書式を設定しています。

図形のスタイル：パステル-オレンジ、アクセント2
フォントサイズ　：12ポイント

標準的な操作手順

グラフの作成

① セル範囲【A3:D10】を選択

② [Ctrl] を押しながら、セル範囲【A13:D19】を選択

③ 《挿入》タブ→《グラフ》グループの [⬛▾] (縦棒/横棒グラフの挿入) →《2-D縦棒》の《積み上げ縦棒》(左から2番目)をクリック

グラフの移動

① グラフを選択

② 《グラフのデザイン》タブ→《場所》グループの [⬛] (グラフの移動) をクリック

③ 《新しいシート》を ⦿ にする

④ 《OK》をクリック

グラフの書式設定

① グラフを選択

② 《グラフのデザイン》タブ→《グラフのレイアウト》グループの [⬛] (クイックレイアウト) →《レイアウト10》(左から1番目、上から4番目)をクリック

グラフタイトルの追加

① グラフを選択

② 《グラフのデザイン》タブ→《グラフのレイアウト》グループの [⬛] (グラフ要素を追加) →《グラフタイトル》→《グラフの上》をクリック

③ グラフタイトルをクリック

※グラフタイトル内にカーソルが表示されます。

④ 「グラフタイトル」を「Webアクセス数の推移」に修正

⑤ [Enter] を押して改行

⑥ 「2024/2/5～2024/2/18」と入力

⑦ グラフタイトル以外の場所をクリック

グラフタイトルの書式設定

① グラフタイトルの「Webアクセス数の推移」を選択

② 《ホーム》タブ→《フォント》グループの [14 ▾] (フォントサイズ) の ▾ →《20》をクリック

③ グラフタイトルの「2024/2/5～2024/2/18」を選択

④ 《ホーム》タブ→《フォント》グループの [14 ▾] (フォントサイズ) の ▾ →《16》をクリック

凡例の書式設定

① 凡例を選択

② 《ホーム》タブ→《フォント》グループの [9 ▾] (フォントサイズ) の ▾ →《14》をクリック

項目軸の書式設定

① 項目軸を右クリック

②《軸の書式設定》をクリック

③《軸の書式設定》作業ウィンドウの《軸のオプション》→ 📊 (軸のオプション) をクリック

④《表示形式》を展開

※《表示形式》が表示されていない場合は、スクロールして調整します。

⑤《表示形式コード》の「m"月"d"日" (aaa)」を「d"日" (aaa)」に修正

⑥《追加》をクリック

※《種類》が「d"日" (aaa)」になっていることを確認します。

⑦《軸の書式設定》作業ウィンドウの ☒ (閉じる) をクリック

図形の作成

①《挿入》タブ→《図》グループの 📱 (図形)→《吹き出し》の 💬 (吹き出し:角を丸めた四角形) (左から2番目、上から1番目) をクリック

※《図》グループが 📱 (図) で表示されている場合は、📱 (図) をクリックすると、《図》グループのボタンが表示されます。

※ 💬 が表示されていない場合は、スクロールして調整します。

② 開始位置から終了位置までドラッグして図形を作成

③ 図形が選択されていることを確認

④「新聞折り込みちらし実施日」と入力

⑤ 図形以外の場所をクリック

図形の書式設定

① 図形を選択

②《図形の書式》タブ→《図形のスタイル》グループの ▾ →《テーマスタイル》の《パステル-オレンジ、アクセント2》(左から3番目、上から4番目) をクリック

③《ホーム》タブ→《フォント》グループの 11 ▾ (フォントサイズ) の ▾ →《12》をクリック

図形のサイズと位置の調整

① 図形を選択

② 図形の右下の○ (ハンドル) をポイントし、マウスポインターの形が ⤡ に変わったら、ドラッグしてサイズを変更

③ 図形の枠線をポイントし、マウスポインターの形が ✥ に変わったら、ドラッグして移動

④ 図形の黄色の ○ (ハンドル) をポイントし、マウスポインターの形が ▷ に変わったら、ドラッグして吹き出し部分の向きと長さを調整

ケーススタディ**7**

社内研修結果を
管理する

Lesson14　全従業員の成績の集計 ……………………………………… 109
Lesson15　従業員別の個別分析 ………………………………………… 115

ケーススタディ7
全従業員の成績の集計

問題

あなたは、FOM証券株式会社の人材教育部に所属し、新入社員研修や中堅社員教育などを管理し、全従業員のスキル向上を図っています。上司から「全従業員に実施したビジネススキル研修の試験結果を報告してください。」と指示されました。

以下の条件に従って、Excelで新規にブックを作成してください。

OPEN
E 新しいブック

条件

①表題は「ビジネススキル研修試験結果」とすること。

②3名の担当講師から提出された次の「科目別試験結果」データをもとにすること。

■講師：相河育美

従業員番号	氏名	PCスキル	プレゼンスキル
1721	堺　義男	95	80
1841	寺島　美代	87	94
1887	三坂　良子	100	98
1897	松江　賢一	92	90
1912	長井　三郎	98	88
1945	相田　輝	85	85
2045	藤谷　真美	86	94

■講師：関口正樹

従業員番号	氏名	問題解決スキル	分析スキル
1721	堺　義男	83	89
1841	寺島　美代	77	60
1887	三坂　良子	86	78
1897	松江　賢一	58	54
1912	長井　三郎	62	61
1945	相田　輝	80	67
2045	藤谷　真美	78	70

■講師：田中幸次

従業員番号	氏名	セールススキル
1721	堺　義男	59
1841	寺島　美代	60
1887	三坂　良子	79
1897	松江　賢一	80
1912	長井　三郎	63
1945	相田　輝	69
2045	藤谷　真美	81

③データベース機能が利用できるように、1従業員1レコードにすること。

④作成した表をテーブルに変換すること。

⑤テーブルが見やすくなるように、任意のスタイルを適用すること。

⑥従業員ごとの合計点を求めること。

⑦合計点が高い順に、順位を付けること。

⑧科目ごとの平均点を求めること。

⑨シートの名前を「成績集計」とすること。

※作成したブックに「Lesson14」と名前を付けて保存しましょう。

標準的な完成例とアドバイス

以下の完成例に仕上げるために、次のような点に気を付けて作成しましょう。

- 3名の担当講師から提出された科目別の試験結果を組み合わせて、表にする適切な項目名を決めます。
  「従業員番号」と「氏名」は共通です。これに加えて、「PCスキル」「プレゼンスキル」「問題解決スキル」「分析スキル」「セールススキル」の5科目の項目名を配置します。どのような配置にするのかをしっかりと考えて組み立てましょう。
  さらに、従業員ごとの「合計点」と「順位」の項目名を配置することも忘れないようにしましょう。
- 表をテーブルに変換すると、Excelに用意されているテーブルスタイルが適用され、表全体の見栄えを簡単に整えることができます。また、集計行を表示して、合計や平均などの集計ができます。これらのテーブルの機能を活用して、効率的に集計していきましょう。

■ 完成例

	従業員番号	氏名	PCスキル	プレゼンスキル	問題解決スキル	分析スキル	セールススキル	合計点	順位
❶	ビジネススキル研修試験結果								
❹	従業員番号	氏名	PCスキル	プレゼンスキル	問題解決スキル	分析スキル	セールススキル	合計点	順位
	1721	堺 義男	95	80	83	89	59	406	3
	1841	寺島 美代	87	94	77	60	60	378	5
	1887	三坂 良子	100	98	86	78	79	441	1
❷	1897	松江 賢一	92	90	58	54	80	374	6
	1912	長井 三郎	98	88	62	61	63	372	7
	1945	相田 輝	85	85	80	67	69	386	4
	2045	藤谷 真美	86	94	78	70	81	409	2
❼	平均点		92	90	75	68	70	395	

成績集計　　　　　　　❸　　　　　　　❺　❻

❶表題

完成例では、表題のセルに次のような書式を設定しています。

> フォントサイズ：14ポイント
> 太字

❷1件1レコード

データベース機能を使う表では、1件1レコードでデータを管理します。
並べ替えやフィルターが操作しやすくなります。

❸テーブル

表を「テーブル」に変換すると、書式設定やデータベース管理が簡単に行えるようになります。
完成例では、テーブルに次のような書式を設定しています。

> テーブルスタイル：薄い青, テーブルスタイル（淡色）16

❹項目名

完成例では、項目名のセルに次のような書式を設定しています。

> 中央揃え

❺各従業員の合計点

SUM関数を使って、各従業員の合計点を求めます。

テーブル内で関数を使って数式を入力すると次のように表示されます。

```
=SUM(テーブル1[@[PCスキル]:[セールススキル]])
```

テーブル名「テーブル1」で、数式を入力するセルと同じ行にある、「PCスキル」から「セールススキル」までの合計点を求めるという意味です。

❻各従業員の順位

RANK.EQ関数を使って、合計点をもとに順位を求めます。合計点が高い順に順位を付けます。

●RANK.EQ関数

「RANK.EQ関数」を使うと、数値が指定の範囲内で何番目かを返します。
指定の範囲内に、重複した数値がある場合は、同じ順位の最上位を返します。

$$=RANK.EQ(\underset{❶}{数値},\underset{❷}{参照},\underset{❸}{順序})$$

❶数値
順位を付ける数値、セルを指定します。
❷参照
順位を調べるセル範囲を指定します。
❸順序
「0」または「1」を指定します。「0」は省略可能です。

0	降順(大きい順)に何番目かを表示する
1	昇順(小さい順)に何番目かを表示する

---

❼平均点

テーブルの集計行の機能を使って、平均点を求めます。

完成例では、平均点は小数点以下を四捨五入して整数で表示しています。

STEP UP 集計行の表示

テーブルの一番下に集計行を表示できます。集計行のセルを選択すると、▼ が表示されます。
▼ をクリックすると表示される一覧から集計方法を選択できます。合計・平均・数値の個数など、基本的な集計方法が用意されています。集計行を表示する方法は、次のとおりです。
◆テーブル内のセルを選択→《テーブルデザイン》タブ→《テーブルスタイルのオプション》グループの《☑集計行》

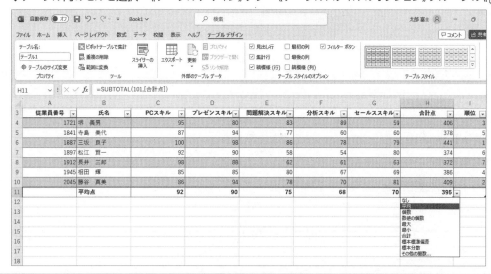

標準的な操作手順

データの入力

① 次のようにデータを入力

	A	B	C	D	E	F	G	H	I
1	ビジネススキル研修試験結果								
2									
3	従業員番号	氏名	PCスキル	プレゼンスキル	問題解決スキル	分析スキル	セールススキル	合計点	順位
4	1721	堺　義男	95	80	83	89	59		
5	1841	寺島　美代	87	94	77	60	60		
6	1887	三坂　良子	100	98	86	78	79		
7	1897	松江　賢一	92	90	58	54	80		
8	1912	長井　三郎	98	88	62	61	63		
9	1945	相田　輝	85	85	80	67	69		
10	2045	藤谷　真美	86	94	78	70	81		
11									

列の幅の変更

① 列番号【A：H】を選択

② 選択した列番号を右クリック

③《列の幅》をクリック

④《列の幅》に「17」と入力

⑤《OK》をクリック

⑥ 列番号【I】を右クリック

⑦《列の幅》をクリック

⑧《列の幅》に「10」と入力

⑨《OK》をクリック

表題の書式設定

① セル【A1】をクリック

②《ホーム》タブ→《フォント》グループの [11▼] （フォントサイズ）の [▼] →《14》をクリック

③《ホーム》タブ→《フォント》グループの [B] （太字）をクリック

テーブルへの変換

① セル【A3】をクリック

※表内のセルであれば、どこでもかまいません。

②《挿入》タブ→《テーブル》グループの [テーブル] （テーブル）をクリック

③《テーブルに変換するデータ範囲を指定してください》が「＝$A$3：$I$10」になっていることを確認

④《先頭行をテーブルの見出しとして使用する》を [✔] にする

⑤《OK》をクリック

⑥《テーブルデザイン》タブ→《テーブルスタイル》グループの [▼] →《淡色》の《薄い青, テーブルスタイル（淡色）16》（左から3番目、上から3番目）をクリック

項目名の書式設定

① セル範囲【A3：I3】を選択

②《ホーム》タブ→《配置》グループの 三 (中央揃え) をクリック

合計点の算出

① セル【H4】をクリック

②《ホーム》タブ→《編集》グループの Σ (合計) をクリック

③ 数式バーに「=SUM(テーブル1[@[PCスキル]：[セールススキル]])」と表示されていることを確認

④ Enter を押す

※セル【H4】に数式を入力すると、セル範囲【H5：H10】にも自動的に数式が作成されます。

順位の算出

① セル【I4】をクリック

② fx (関数の挿入) をクリック

③《関数の分類》の ∨ をクリックし、一覧から《統計》を選択

④《関数名》の一覧から《RANK.EQ》を選択

⑤《OK》をクリック

⑥《数値》にカーソルがあることを確認し、セル【H4】をクリック

※「[@合計点]」と表示されます。数式を入力するセルと同じ行にある「合計点」のセルであることを表します。

⑦《参照》にカーソルを移動し、セル範囲【H4：H10】を選択

※「[合計点]」と表示されます。「合計点」のフィールド全体を表します。

⑧《順序》に「0」と入力

※「0」は省略してもかまいません。

⑨《OK》をクリック

※セル【I4】に数式を入力すると、セル範囲【I5：I10】にも自動的に数式が作成されます。

集計行の表示と平均点の算出

① セル【A3】をクリック

※テーブル内のセルであれば、どこでもかまいません。

②《テーブルデザイン》タブ→《テーブルスタイルのオプション》グループの《集計行》を ✔ にする

③ セル【A11】をクリック

④ Delete を押して削除

⑤ セル【B11】に「平均点」と入力

⑥ セル【C11】をクリック

⑦ ▽ をクリックし、一覧から《平均》を選択

⑧ セル【C11】を選択し、セル右下の ■ (フィルハンドル) をセル【H11】までドラッグ

⑨ セル【I11】をクリック

⑩ ▽ をクリックし、一覧から《なし》を選択

表示形式の設定

① セル範囲【C11：H11】を選択

②《ホーム》タブ→《数値》グループの ₀₀ (小数点以下の表示桁数を減らす) を整数になるまでクリック

シート名の変更

① シート「Sheet1」のシート見出しをダブルクリック

②「成績集計」と入力し、 Enter を押す

問題

上司から「従業員ごとに成績を分析したい。グラフを使うなどしてわかりやすい資料を作成してください。」と指示され、次のような資料を作成しました。

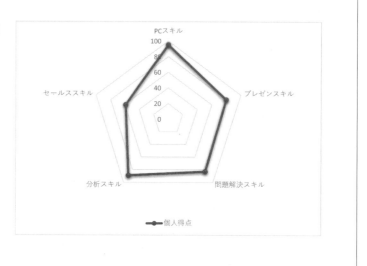

ビジネススキル研修個人別分析

従業員番号： 1721
氏名： 堺　義男

科目	個人得点
PCスキル	95
プレゼンスキル	80
問題解決スキル	83
分析スキル	89
セールススキル	59
合計点	406
順位	3

これを上司に見せたところ、「全体の平均点を入れて、自分のスキルの位置付けがわかるように修正してください。」と改善の指示を受けました。

以下の条件に従って、Excelでブックを編集してください。

OPEN
E Lesson14

条件

①ブックに新しいシートを追加し、資料と同じような表とグラフを作成すること。

②追加したシートに「個人分析」という名前を付けること。

③「従業員番号」を入力すると、対応する「氏名」「PCスキル」「プレゼンスキル」「問題解決スキル」「分析スキル」「セールススキル」「合計点」「順位」の各データが参照されるようにすること。

④表とグラフに「平均点」のデータをそれぞれ追加すること。

⑤表とグラフをA4横1ページに印刷すること。

※作成したブックに「Lesson15」と名前を付けて保存しましょう。

標準的な完成例とアドバイス

以下の完成例に仕上げるために、次のような点に気を付けて作成しましょう。

- **Advice!**
- ●「PCスキル」「プレゼンスキル」「問題解決スキル」「分析スキル」「セールススキル」といった3つ以上の複数の項目の比較やバランスを表現するのに適したグラフを考えましょう。
ここでは、各得点の全体のバランスがひと目でわかるようにするため、複数の指標をまとめて全体的に見せるレーダーチャートが適しています。
- ● Excelのグラフには、グラフ要素の配置や背景の色、効果などの組み合わせが「グラフスタイル」として用意されています。一覧から選択するだけで、グラフ全体のデザインを変更できるので、見やすいスタイルを選択するとよいでしょう。
- ● 表とグラフをA4用紙の横1ページに印刷するため、グラフをどこに配置すれば見栄えが良くなるのかを考えましょう。
- ● 複数のシートがある場合は、どのシートにどのような内容があるのかひと目でわかるようなシート名を付けるとよいでしょう。

■ 完成例

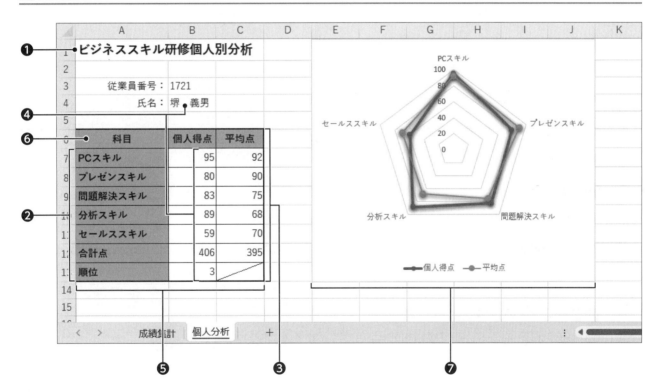

● 印刷結果

ビジネススキル研修個人別分析

従業員番号： 1721

氏名： 堺　義男

科目	個人得点	平均点
PCスキル	95	92
プレゼンスキル	80	90
問題解決スキル	83	75
分析スキル	89	68
セールススキル	59	70
合計点	406	395
順位	3	

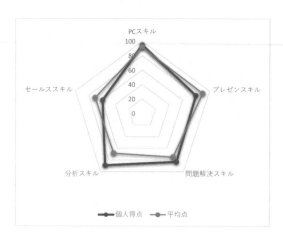

❽

❶ 表題

完成例では、表題のセルに次のような書式を設定しています。

フォントサイズ：14ポイント
太字

❷ 各科目名・項目名（合計点・順位）

共通の科目名は、シート「成績集計」からコピーすると効率的です。

❸ 平均点

表に「平均点」の項目を追加します。

「平均点」には、シート「成績集計」から該当するセルを参照する数式を入力します。

もとになる数値が変更された場合でも自動的に再計算され、データが更新されるので、管理が
容易になります。

❹氏名・個人得点・合計点・順位

VLOOKUP関数を使って、「従業員番号」を入力すると、対応する「氏名」「PCスキル」「プレゼンスキル」「問題解決スキル」「分析スキル」「セールススキル」「合計点」「順位」の各データが自動的に参照されるようにします。

ここでは、最初に「氏名」を参照する数式を入力し、その数式をコピーして、「PCスキル」「プレゼンスキル」「問題解決スキル」「分析スキル」「セールススキル」「合計点」「順位」をそれぞれ参照する数式に修正します。

●VLOOKUP関数

「VLOOKUP関数」を使うと、コードや番号をもとに参照用の表から該当するデータを検索し、表示できます。

$$=VLOOKUP(\underset{❶}{検索値},\underset{❷}{範囲},\underset{❸}{列番号},\underset{❹}{検索方法})$$

❶検索値
検索対象のコードや番号を入力するセルを指定します。
※全角と半角、アルファベットの大文字と小文字は区別されません。

❷範囲
参照用の表のセル範囲を指定します。

❸列番号
セル範囲の何番目の列を参照するかを指定します。
左から「1」「2」・・・と数えて指定します。

❹検索方法
「FALSE」または「TRUE」を指定します。「TRUE」は省略できます。

FALSE	完全に一致するデータを検索する
TRUE	近似値を含めて検索する

例:

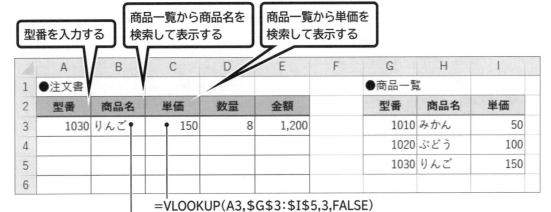

=VLOOKUP(A3,$G$3:$I$5,3,FALSE)
=VLOOKUP(A3,$G$3:$I$5,2,FALSE)

VLOOKUP関数で参照する表は、表の一番左の列に、検索する対象のコードや番号が入力されている必要があります。また、検索方法で「TRUE」を指定する場合は、昇順に並べ替えておく必要があります。

●参照用の表

型番	商品名	単価
1010	みかん	50
1020	ぶどう	100
1030	りんご	150

└── 一番左に配置

また、IF関数を組み合わせて、「従業員番号」が入力されていない場合でもエラーが表示されないようにします。

●IF関数

「IF関数」を使うと、条件に基づいて、その条件を満たす場合の処理と満たさない場合の処理をそれぞれ実行できます。
論理式の結果に基づいて、論理式が真(TRUE)の場合の値、論理式が偽(FALSE)の場合の値をそれぞれ返します。

=IF(論理式,値が真の場合,値が偽の場合)

❶論理式
判断の基準となる条件を式で指定します。
❷値が真の場合
論理式の結果が真(TRUE)の場合の処理を数値または数式、文字列で指定します。
❸値が偽の場合
論理式の結果が偽(FALSE)の場合の処理を数値または数式、文字列で指定します。

例:
=IF(E5=100,"○","×")
セル【E5】が「100」であれば「○」、そうでなければ「×」が返されます。
※引数に文字列を指定する場合、文字列の前後に「"(ダブルクォーテーション)」を入力します。

STEP UP

VLOOKUP関数の利用

Lesson14で作成した試験結果の集計表は、各担当者の成績などの情報が、テーブル内のレコード(横方向)に収められていますが、このLessonでは各担当者の情報を縦方向の表に表示します。
その際、VLOOKUP関数やXLOOKUP関数を利用できますが、数式をほかのセルにコピーして数式を修正するときに対応が異なります。VLOOKUP関数を使う場合はコピーしたセルで引数の「列番号」を、XLOOKUP関数の場合は引数の「戻り範囲」を修正する必要があります。
ここではVLOOKUP関数を使って数式を入力しています。

❺罫線

表の見栄えをよくするために、格子の罫線を付けます。
完成例では、そのほかにも次のような書式を設定しています。

表周囲の罫線 : 太い外枠
順位の平均点 : 斜線(左下がり)

❻項目名・科目名

項目名(科目・個人得点・平均点)を中央揃えにします。
完成例では、そのほかにも項目名と科目名のセルに次のような書式を設定しています。

太字
塗りつぶしの色 : 青、アクセント5、白+基本色40%

❼グラフの種類

完成例では、グラフを次のように設定しています。

グラフスタイル　:スタイル8
グラフタイトル　:なし
凡例　　　　　　:下
平均点の線の太さ :1.5pt

❽ページ設定

完成例では、次のようにページ設定を変更しています。

印刷の向き　:横
拡大縮小印刷:110%

標準的な操作手順

シートの挿入

① + （新しいシート）をクリック

シート名の変更

① 新しく追加したシートのシート見出しをダブルクリック

②「個人分析」と入力し、 Enter を押す

データの入力

① シート「個人分析」に、次のようにデータを入力

	A	B	C
1	ビジネススキル研修個人別分析		
2			
3	従業員番号：	1721	
4	氏名：		
5			
6	科目	個人得点	平均点
7			

各科目名・項目名のコピー

① シート「成績集計」のセル範囲【C3：I3】を選択

②《ホーム》タブ→《クリップボード》グループの ⎕ （コピー）をクリック

③ シート「個人分析」のセル【A7】をクリック

④《ホーム》タブ→《クリップボード》グループの ⎕ （貼り付け）の ⎕ →《形式を選択して貼り付け》をクリック

⑤《貼り付け》の《値》を ⦿ にする

⑥《行/列の入れ替え》を ☑ にする

⑦《OK》をクリック

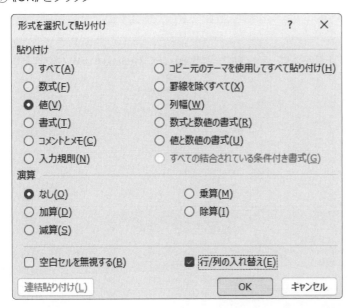

列の幅の変更

① 列番号【A】を右クリック

②《列の幅》をクリック

③《列の幅》に「17」と入力

④《OK》をクリック

行の高さの変更

① 行番号【6：13】を選択

② 選択した行番号を右クリック

③《行の高さ》をクリック

④《行の高さ》に「21」と入力

⑤《OK》をクリック

氏名・個人得点・合計点・順位の表示

① セル【B4】に「=IF($B$3="", "", VLOOKUP($B$3, 成績集計!$A$4：$I$10, 2, FALSE))」と入力

※セルをクリックしてセル位置を入力すると、テーブル用の数式「=IF($B$3="", "", VLOOKUP($B$3, テーブル1, 2, FALSE))」が作成されます。セル位置を手入力した場合と同じ計算結果を得ることができます。

② セル【B4】をクリック

③《ホーム》タブ→《クリップボード》グループの 🗐 (コピー) をクリック

④ セル範囲【B7：B13】を選択

⑤《ホーム》タブ→《クリップボード》グループの 📋 (貼り付け) をクリック

⑥ セル【B7】を「=IF($B$3="", "", VLOOKUP($B$3, 成績集計!$A$4：$I$10, 3, FALSE))」に修正

※引数の列番号を修正します。

⑦ セル【B8】を「=IF($B$3="", "", VLOOKUP($B$3, 成績集計!$A$4：$I$10, 4, FALSE))」に修正

⑧ セル【B9】を「=IF($B$3="", "", VLOOKUP($B$3, 成績集計!$A$4：$I$10, 5, FALSE))」に修正

⑨ セル【B10】を「=IF($B$3="", "", VLOOKUP($B$3, 成績集計!$A$4：$I$10, 6, FALSE))」に修正

⑩ セル【B11】を「=IF($B$3="", "", VLOOKUP($B$3, 成績集計!$A$4：$I$10, 7, FALSE))」に修正

⑪ セル【B12】を「=IF($B$3="", "", VLOOKUP($B$3, 成績集計!$A$4：$I$10, 8, FALSE))」に修正

⑫ セル【B13】を「=IF($B$3="", "", VLOOKUP($B$3, 成績集計!$A$4：$I$10, 9, FALSE))」に修正

※その他の「従業員番号」も適宜入力し、氏名や個人得点などが自動的に表示されることを確認しておきましょう。

平均点の表示

① セル【C7】に「=成績集計!C11」と入力

※セルをクリックしてセル位置を入力すると、テーブル用の数式「=テーブル1[[#集計], [PCスキル]]」が作成されます。セル位置を手入力した場合と同じ計算結果を得ることができます。

② セル【C8】に「=成績集計!D11」と入力

③ セル【C9】に「=成績集計!E11」と入力

④ セル【C10】に「=成績集計!F11」と入力

⑤ セル【C11】に「=成績集計!G11」と入力

⑥ セル【C12】に「=成績集計!H11」と入力

表題の書式設定

① セル【A1】をクリック

② 《ホーム》タブ→《フォント》グループの 11 ∨ (フォントサイズ) の ∨ →《14》をクリック

③ 《ホーム》タブ→《フォント》グループの B (太字) をクリック

従業員番号と氏名の書式設定

① セル範囲【A3：A4】を選択

② 《ホーム》タブ→《配置》グループの ☰ (右揃え) をクリック

③ セル【B3】をクリック

④ 《ホーム》タブ→《配置》グループの ☰ (左揃え) をクリック

罫線の設定

① セル範囲【A6：C13】を選択

② 《ホーム》タブ→《フォント》グループの 田 ∨ (下罫線) の ∨ →《格子》をクリック

③ 《ホーム》タブ→《フォント》グループの 田 ∨ (格子) の ∨ →《太い外枠》をクリック

④ セル【C13】をクリック

⑤ 《ホーム》タブ→《フォント》グループの ⤢ (フォントの設定) をクリック

⑥ 《罫線》タブを選択

⑦ 《スタイル》の一覧から《─────》を選択

⑧ 《罫線》の ⟋ をクリック

⑨ 《OK》をクリック

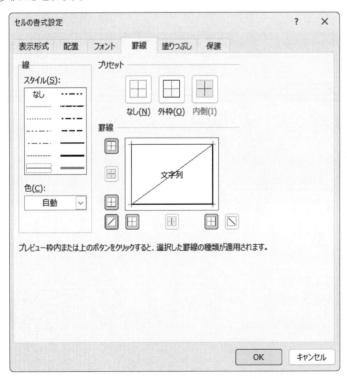

項目名・科目名の書式設定

① セル範囲【A6：C6】を選択

②《ホーム》タブ→《配置》グループの ☰ （中央揃え）をクリック

③ Ctrl を押しながら、セル範囲【A7：A13】を選択

④《ホーム》タブ→《フォント》グループの B （太字）をクリック

⑤《ホーム》タブ→《フォント》グループの 塗り （塗りつぶしの色）の ☑ →《テーマの色》の《青、アクセント5、白+基本色 40%》（左から9番目、上から4番目）をクリック

グラフの作成

① セル範囲【A6：C11】を選択

②《挿入》タブ→《グラフ》グループの 📊 （ウォーターフォール図、じょうごグラフ、株価チャート、等高線グラフ、レーダーチャートの挿入）→《レーダー》の《マーカー付きレーダー》（左から2番目）をクリック

グラフの位置とサイズの調整

① グラフエリアをポイントし、マウスポインターの形が ✥ に変わったら、ドラッグして移動（目安：セル【E1】）

② グラフエリアの右下の○（ハンドル）をポイントし、マウスポインターの形が ↖ に変わったら、ドラッグしてサイズを変更（目安：セル【J13】）

グラフの書式設定

① グラフを選択

②《グラフのデザイン》タブ→《グラフスタイル》グループの ☑ →《スタイル8》（左から8番目）をクリック

③《グラフのデザイン》タブ→《グラフのレイアウト》グループの 📊 （グラフ要素を追加）→《グラフタイトル》→《なし》をクリック

④《グラフのデザイン》タブ→《グラフのレイアウト》グループの 📊 （グラフ要素を追加）→《凡例》→《下》をクリック

⑤ 平均点の線を選択

⑥《書式》タブ→《図形のスタイル》グループの 図形の枠線 （図形の枠線）→《太さ》→《1.5pt》をクリック

ページ設定の変更と印刷

① シート「個人分析」の任意のセルをクリック

②《ファイル》タブ→《印刷》をクリック

③《設定》の《ページ設定》をクリック

④《ページ》タブを選択

⑤《印刷の向き》の《横》を ◉ にする

⑥《拡大縮小印刷》の《拡大/縮小》を ◉ にし、「110」%に設定

⑦《用紙サイズ》の ☑ をクリックし、一覧から《A4》を選択

⑧《OK》をクリック

⑨ 印刷イメージを確認

⑩《印刷》をクリック

ケーススタディ**8**

イベント売上実績を
集計・分析する

Lesson16　店舗別・商品カテゴリ別の売上集計表の作成………　125
Lesson17　目標達成率の算出 ……………………………………　130
Lesson18　商品カテゴリ別の売上構成比の比較 ………………　133
Lesson19　店舗別の売上実績と目標達成率の比較……………　136

店舗別・商品カテゴリ別の売上集計表の作成

問題

あなたは、FOM電器株式会社の本社・販売推進部に所属し、各店舗のイベント活動の推進および売上拡販の支援を担当しています。上司から「各店舗で春商戦として実施した"新生活応援キャンペーン"の売上実績を集計してください。」と指示されました。

以下の条件に従って、Excelで新規にブックを作成してください。

OPEN

 新しいブック

条件

①表題は「新生活応援キャンペーン売上集計表」とすること。

②次のデータをもとに、表を作成すること。

```
■新宿店
売上実績    内訳
            家電      ：3,221,500円      パソコン      ：3,985,300円
            オーディオ：3,325,980円      モバイル端末：3,689,000円
            その他    ：2,761,400円

■秋葉原店
売上実績    内訳
            家電      ：2,249,840円      パソコン      ：2,630,280円
            オーディオ：3,125,620円      モバイル端末：2,849,080円
            その他    ：1,923,100円

■横浜店
売上実績    内訳
            家電      ：3,619,870円      パソコン      ：3,524,900円
            オーディオ：4,968,510円      モバイル端末：3,336,600円
            その他    ：3,004,200円

■大宮店
売上実績    内訳
            家電      ：2,101,700円      パソコン      ：2,763,110円
            オーディオ：2,686,500円      モバイル端末：2,050,000円
            その他    ：1,648,460円

■千葉店
売上実績    内訳
            家電      ：2,850,300円      パソコン      ：2,751,200円
            オーディオ：4,124,700円      モバイル端末：2,989,100円
            その他    ：2,185,250円
```

③店舗別の合計、商品カテゴリ別の合計、全合計がわかるようにすること。

④表の数値は「単位：千円」とすること。

⑤表が見やすくなるように、書式を適宜設定すること。

※作成したブックに「Lesson16」と名前を付けて保存しましょう。

標準的な完成例とアドバイス

以下の完成例に仕上げるために、次のような点に気を付けて作成しましょう。

- 用意された売上データをもとに、Excelに項目と数値を入れて表を作成します。表題や項目をどのように配置するのかしっかりと考えて組み立てましょう。
- 数値の表示形式はあとから設定できるので、最初にExcelに入力する際は、数値をそのまま入力しておくとよいでしょう。

■ 完成例

	A	B	C	D	E	F	G	H
1	新生活応援キャンペーン売上集計表						単位：千円	
2								
3		家電	パソコン	オーディオ	モバイル端末	その他	合計	
4	新宿店	3,222	3,985	3,326	3,689	2,761	16,983	
5	秋葉原店	2,250	2,630	3,126	2,849	1,923	12,778	
6	横浜店	3,620	3,525	4,969	3,337	3,004	18,454	
7	大宮店	2,102	2,763	2,687	2,050	1,648	11,250	
8	千葉店	2,850	2,751	4,125	2,989	2,185	14,901	
9	合計	14,043	15,655	18,231	14,914	11,522	74,366	
10								

❶表題

完成例では、表題のセルに次のような書式を設定しています。

> フォントサイズ：14ポイント
> 太字

❷単位

完成例では、単位のセルに次のような書式を設定しています。

> 右揃え

❸項目名

縦軸に「店舗名」、横軸に「商品カテゴリ」の各項目名を設け、該当する内容をデータから転記します。
完成例では、横軸の項目名のセルに次のような書式を設定しています。

> 塗りつぶしの色：緑、アクセント6、白＋基本色40%
> 太字
> 中央揃え

❹罫線

表の見栄えをよくするために、格子の罫線を付けます。
完成例では、そのほかにも次のような書式を設定しています。

> 空のセル：斜線（右下がり）

その他の解答例

縦軸に「商品カテゴリ」、横軸に「店舗名」を配置して表を作成してもかまいません。

	A	B	C	D	E	F	G
1	新生活応援キャンペーン売上集計表						単位：千円
2							
3		新宿店	秋葉原店	横浜店	大宮店	千葉店	合計
4	家電	3,222	2,250	3,620	2,102	2,850	14,043
5	パソコン	3,985	2,630	3,525	2,763	2,751	15,655
6	オーディオ	3,326	3,126	4,969	2,687	4,125	18,231
7	モバイル端末	3,689	2,849	3,337	2,050	2,989	14,914
8	その他	2,761	1,923	3,004	1,648	2,185	11,522
9	合計	16,983	12,778	18,454	11,250	14,901	74,366
10							

❺**数値**

「単位：千円」なので、数値の下3桁は表示されないように表示形式を設定します。

数値の表示形式

数値の表示形式の設定例は、次のとおりです。

表示形式	入力データ	表示結果	備考
#,##0	12300	12,300	3桁ごとに「,（カンマ）」で区切って表示し、「0」の場合は「0」を表示
	0	0	
#,###	12300	12,300	3桁ごとに「,（カンマ）」で区切って表示し、「0」の場合は空白を表示
	0	空白	
0.000	9.8765	9.877	小数点以下を指定した桁数分表示。指定した桁数を超えた場合は四捨五入し、足りない場合は「0」を表示
	9.8	9.800	
#.###	9.8765	9.877	小数点以下を指定した桁数分表示。指定した桁数を超えた場合は四捨五入し、足りない場合はそのまま表示
	9.8	9.8	
#,##0,	12345600	12,346	百の位を四捨五入し、千単位で表示
#,##0,,	12345600	12	十万の位を四捨五入し、百万単位で表示
#,##0"人"	12300	12,300人	3桁ごとに「,（カンマ）」で区切り、数値の右に「人」を付けて表示します。
"第"#"会議室"	2	第2会議室	数値の左に「第」を、右に「会議室」を付けて表示

※文字列を表示する場合、文字列の前後に「"（ダブルクォーテーション）」を入力します。

❻**合計**

SUM関数を使って、店舗別の合計、商品カテゴリ別の合計、全合計を求めます。

標準的な操作手順

データの入力

① 次のようにデータを入力

	A	B	C	D	E	F	G
1	新生活応援キャンペーン売上集計表						単位：千円
2							
3		家電	パソコン	オーディオ	モバイル端末	その他	合計
4	新宿店	3221500	3985300	3325980	3689000	2761400	
5	秋葉原店	2249840	2630280	3125620	2849080	1923100	
6	横浜店	3619870	3524900	4968510	3336600	3004200	
7	大宮店	2101700	2763110	2686500	2050000	1648460	
8	千葉店	2850300	2751200	4124700	2989100	2185250	
9	合計						
10							

列の幅の変更

① 列番号【A：G】を選択

② 選択した列番号を右クリック

③ 《列の幅》をクリック

④ 《列の幅》に「11」と入力

⑤ 《OK》をクリック

合計の算出

① セル範囲【B4：G9】を選択

② 《ホーム》タブ→《編集》グループの ∑ (合計) をクリック

表題と単位の書式設定

① セル【A1】をクリック

② 《ホーム》タブ→《フォント》グループの 11 ▼ (フォントサイズ) の ▼ →《14》をクリック

③ 《ホーム》タブ→《フォント》グループの B (太字) をクリック

④ セル【G1】をクリック

⑤ 《ホーム》タブ→《配置》グループの ☰ (右揃え) をクリック

罫線の設定

① セル範囲【A3：G9】を選択

②《ホーム》タブ→《フォント》グループの［田▼］(下罫線) の［▼］→《格子》をクリック

③ セル【A3】をクリック

④《ホーム》タブ→《フォント》グループの［⤵］(フォントの設定) をクリック

⑤《罫線》タブを選択

⑥《スタイル》の一覧から《————》を選択

⑦《罫線》の［◻］をクリック

⑧《OK》をクリック

項目名の書式設定

① セル範囲【A3：G3】を選択

②《ホーム》タブ→《フォント》グループの［◇▼］(塗りつぶしの色) の［▼］→《テーマの色》の《緑、アクセント6、白+基本色40%》(左から10番目、上から4番目) をクリック

③《ホーム》タブ→《フォント》グループの［B］(太字) をクリック

④《ホーム》タブ→《配置》グループの［≡］(中央揃え) をクリック

表示形式の設定

① セル範囲【B4：G9】を選択

②《ホーム》タブ→《数値》グループの［⤵］(表示形式) をクリック

③《表示形式》タブを選択

④《分類》の一覧から《ユーザー定義》を選択

⑤《種類》に「#,##0,」と入力

⑥《OK》をクリック

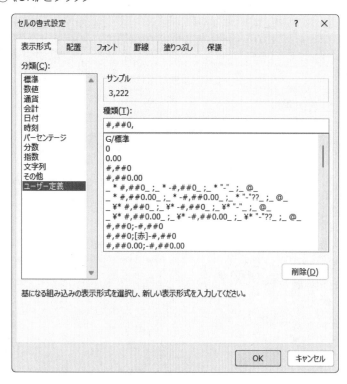

Lesson 17

ケーススタディ8
目標達成率の算出

問題

あなたが作成した「新生活応援キャンペーン売上集計表」を上司に見せたところ、「店舗ごとに設定した売上目標を追加してほしい。また、目標を達成できたかどうかもわかるようにしてください。」と指示されました。

以下の条件に従って、Excelでブックを編集してください。

OPEN
E Lesson16

条件

①次のデータをもとに、表を編集すること。

> ■新宿店
> 売上目標　　　17,000,000円
>
> ■秋葉原店
> 売上目標　　　14,000,000円
>
> ■横浜店
> 売上目標　　　16,000,000円
>
> ■大宮店
> 売上目標　　　12,000,000円
>
> ■千葉店
> 売上目標　　　10,000,000円

②目標達成率がわかるように、項目を追加すること。

※作成したブックに「Lesson17」と名前を付けて保存しましょう。

標準的な完成例とアドバイス

以下の完成例に仕上げるために、次のような点に気を付けて作成しましょう。

- Lesson16の表に、「売上目標」と「目標達成率」の各項目名を追加し、該当する内容をデータから転記します。売上目標は期の最初に設定することが多いので、実績値よりも前に配置するとよいでしょう。

項目を追加する場合は、どのように配置するのかしっかりと考えて組み立てましょう。

■完成例

❶　　　　　　　　　　　　　　　❷

	A	B 売上目標	C 家電	D パソコン	E オーディオ	F モバイル端末	G その他	H 売上実績	I 目標達成率
1	新生活応援キャンペーン売上集計表							単位：千円	
2									
3		売上目標	家電	パソコン	オーディオ	モバイル端末	その他	売上実績	目標達成率
4	新宿店	17,000	3,222	3,985	3,326	3,689	2,761	16,983	99.9%
5	秋葉原店	14,000	2,250	2,630	3,126	2,849	1,923	12,778	91.3%
6	横浜店	16,000	3,620	3,525	4,969	3,337	3,004	18,454	115.3%
7	大宮店	12,000	2,102	2,763	2,687	2,050	1,648	11,250	93.7%
8	千葉店	10,000	2,850	2,751	4,125	2,989	2,185	14,901	149.0%
9	合計	69,000	14,043	15,655	18,231	14,914	11,522	74,366	107.8%
10									

❶項目名

完成例では、「合計」を「売上実績」に変更して、実績と目標の対比を明確にしています。

❷目標達成率

次の数式で、店舗ごとの目標達成率を求めます。

> 目標達成率＝売上実績÷売上目標

完成例では、「目標達成率」のセルに「パーセントスタイル」を設定し、小数第1位まで表示されるようにしています。

STEP UP

小数の扱い

小数を表示しないように設定した場合、小数第1位の値が四捨五入され、小数はシートに表示されません。

	A	B	C	D	E	F	G	H	I
1	新生活応援キャンペーン売上集計表							単位：千円	
2									
3		売上目標	家電	パソコン	オーディオ	モバイル端末	その他	売上実績	目標達成率
4	新宿店	17,000	3,222	3,985	3,326	3,689	2,761	16,983	100%
5	秋葉原店	14,000	2,250	2,630	3,126	2,849	1,923	12,778	91%
6	横浜店	16,000	3,620	3,525	4,969	3,337	3,004	18,454	115%
7	大宮店	12,000	2,102	2,763	2,687	2,050	1,648	11,250	94%
8	千葉店	10,000	2,850	2,751	4,125	2,989	2,185	14,901	149%
9	合計	69,000	14,043	15,655	18,231	14,914	11,522	74,366	108%
10									

新宿店は、わずかに目標を達成しておらず、実際には「99.901…%」ですが、小数第1位が四捨五入されるので、「100%」と表示されます。

ここでは、目標を達成しているかどうかが重要なため、小数第1位までを表示した方がよいでしょう。小数第1位まで表示されるように設定した場合、小数第2位の値が四捨五入され、小数第1位までがシートに表示されます。

標準的な操作手順

データの入力

① 列番号【B】を右クリック

② 《挿入》をクリック

③ セル範囲【B3：B8】に次のように入力

	B
1	
2	
3	売上目標
4	17000000
5	14000000
6	16000000
7	12000000
8	10000000

※H列の合計に「____」(エラーインジケータ)が表示される場合は、⚠→《エラーを無視する》をクリックしておきましょう。

④ セル【H3】に「売上実績」と入力

⑤ セル【I3】に「目標達成率」と入力

※セル【I3】に入力すると、セル【H3】と同じように塗りつぶしと太字が設定されます。

罫線の設定

① セル範囲【I3：I9】を選択

② 《ホーム》タブ→《フォント》グループの ⊞ ▾ (下罫線) の ▾ →《格子》をクリック

列の幅の変更

① 列番号【I】を右クリック

② 《列の幅》をクリック

③ 《列の幅》に「11」と入力

④ 《OK》をクリック

合計の算出

① セル【B9】を選択

② 《ホーム》タブ→《編集》グループの Σ (合計) をクリック

③ Enter を押す

書式のコピー

① セル【C4】をクリック

② 《ホーム》タブ→《クリップボード》グループの ✎ (書式のコピー/貼り付け) をクリック

③ セル範囲【B4：B9】を選択

目標達成率の算出

① セル【I4】に「＝H4/B4」と入力

② セル【I4】を選択し、セル右下の■ (フィルハンドル) をセル【I9】までドラッグ

表示形式の設定

① セル範囲【I4：I9】を選択

② 《ホーム》タブ→《数値》グループの % (パーセントスタイル) をクリック

③ 《ホーム》タブ→《数値》グループの ← (小数点以下の表示桁数を増やす) をクリック

ケーススタディ8
商品カテゴリ別の売上構成比の比較

問題

あなたが編集した「新生活応援キャンペーン売上集計表」を上司に見せたところ、「今回のキャンペーンで、どのカテゴリの商品がどのくらいの比率で売れたのかを知りたいので、わかりやすいグラフを作成してください。」と指示されました。

以下の条件に従って、Excelでブックを編集してください。

OPEN

E Lesson17

条件

①グラフシートに適切な種類のグラフを作成すること。

②グラフタイトルは「**商品カテゴリ別売上構成比**」とすること。

③グラフには、商品カテゴリ名と売上構成比を表示すること。

④グラフが見やすくなるように、書式を適宜設定すること。

※作成したブックに「Lesson18」と名前を付けて保存しましょう。

標準的な完成例とアドバイス

以下の完成例に仕上げるために、次のような点に気を付けて作成しましょう。

 ● 商品カテゴリ名と売上構成比を表現するのに適したグラフを考えましょう。
　 ここでは、全体に対する各項目の比率を表現するため、円グラフが適しています。
● グラフの色やデータ要素などを編集して、見やすいグラフにしましょう。

■ 完成例

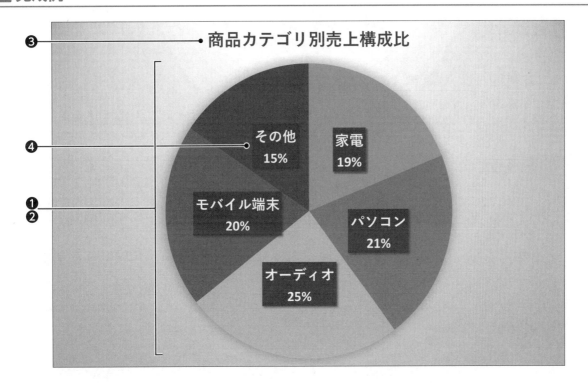

❶ グラフの種類

完成例では、円グラフに次のような書式を設定しています。

グラフのレイアウト：レイアウト1 グラフスタイル　　：スタイル3 凡例　　　　　　　：なし

❷ グラフの配色

グラフの配色を変更するときは、グラフクイックカラーを使うと効率的です。
完成例では、グラフの色を次のように設定しています。

グラフクイックカラー：カラフルなパレット4

❸ グラフタイトル

完成例では、グラフタイトルに次のような書式を設定しています。

フォントサイズ：24ポイント

❹ データラベル

完成例では、データラベルに次のような書式を設定しています。

フォントサイズ：20ポイント

標準的な操作手順

グラフの作成

① セル範囲【C3：G3】を選択

② [Ctrl]を押しながら、セル範囲【C9：G9】を選択

③ 《挿入》タブ→《グラフ》グループの [📊▾] (円またはドーナツグラフの挿入)→《2-D円》の《円》(左から1番目)をクリック

グラフの場所の移動

① グラフを選択

② 《グラフのデザイン》タブ→《場所》グループの [📋] (グラフの移動)をクリック

③ 《新しいシート》を ⦿ にする

④ 《OK》をクリック

グラフの書式設定

① グラフを選択

② 《グラフのデザイン》タブ→《グラフのレイアウト》グループの [📋] (クイックレイアウト)→《レイアウト1》(左から1番目、上から1番目)をクリック

③ 《グラフのデザイン》タブ→《グラフスタイル》グループの [▾]→《スタイル3》(左から3番目、上から1番目)をクリック

④ 《グラフのデザイン》タブ→《グラフのレイアウト》グループの [📊] (グラフ要素を追加)→《凡例》→《なし》をクリック

⑤ 《グラフのデザイン》タブ→《グラフスタイル》グループの [🎨] (グラフクイックカラー)→《カラフル》の《カラフルなパレット4》(上から4番目)をクリック

グラフタイトルの修正

① グラフタイトルを2回クリック

※グラフタイトル内にカーソルが表示されます。

② 「グラフタイトル」を「商品カテゴリ別売上構成比」に修正

③ グラフタイトル以外の場所をクリック

グラフタイトルの書式設定

① グラフタイトルを選択

② 《ホーム》タブ→《フォント》グループの [18 ▾] (フォントサイズ)の [▾]→《24》をクリック

データラベルの書式設定

① データラベルを選択

② 《ホーム》タブ→《フォント》グループの [10 ▾] (フォントサイズ)の [▾]→《20》をクリック

問題

あなたは、上司から「今回のキャンペーンにおける、各店舗の売上実績と目標達成率の関係を1つのグラフにまとめて、各店舗に報告するレポートを作成してください。」と指示されました。

以下の条件に従って、Excelでグラフを作成し、Wordで新規に文書を作成してください。

条件

①売上実績を縦棒グラフ、目標達成率を折れ線グラフで表現する複合グラフを作成すること。

②表の下に適切なサイズでグラフを作成すること。

③グラフタイトルは「店舗別売上状況」とすること。

④グラフが見やすくなるように、書式を適宜設定すること。

※作成したブックに「Lesson19-1」と名前を付けて保存しましょう。

条件

⑤発信日付は「2024年6月7日」とすること。

⑥表題は「新生活応援キャンペーン売上実績および目標達成率について」とすること。

⑦適切な受信者名を入れること。

⑧発信者名は「販売推進部長」とすること。

⑨レポートの主文には、次の内容を入れること。

> ・新生活応援キャンペーンの各店舗の売上実績および目標達成率を知らせること。
> ・今後とも、サービスの質の向上および積極的な拡販活動に重点をおき、さらなる売上を目標に尽力してほしいこと。

⑩Excelで作成した表およびグラフをWordの文書で利用すること。

⑪レポートが見やすくなるように、書式を適宜設定すること。

⑫A4縦1ページにバランスよくレイアウトすること。

※作成した文書に「Lesson19-2」と名前を付けて保存しましょう。

標準的な完成例とアドバイス

以下の完成例に仕上げるために、次のような点に気を付けて作成しましょう。

- 売上実績は単位が千円、目標達成率は単位がパーセントといったように、単位が異なるデータを同一のグラフで表現する方法を考えましょう。そのまま同一のグラフで表現しようとすると、グラフ全体のバランスがおかしくなってしまいます。
  その場合は、複合グラフを作成するとよいでしょう。複合グラフは、種類や単位が異なるデータなどを表現するときに便利なグラフです。例えば、棒グラフと折れ線グラフを同一のグラフエリア内に混在させることができます。
- 複合グラフで、データの数値に差があってグラフが見にくい場合は第2軸を設定します。
- Excelで作成した表やグラフをWord文書で利用する際は、あとからExcelデータに修正が行われるかどうかによって、貼り付け方法を決めるとよいでしょう。今回のような実績の数値は基本的にあとから修正することはないので、そのまま貼り付けるとよいでしょう。

■ 完成例

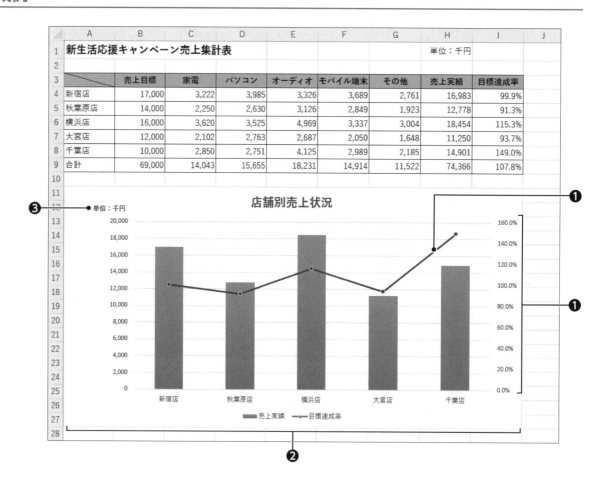

❶折れ線グラフと第2軸

完成例では、「目標達成率」のデータ系列を「マーカー付き折れ線」グラフに変更し、さらに第2軸を設定しています。

❷グラフの書式

完成例では、グラフに次のような書式を設定しています。

> グラフスタイル　　　：スタイル4
> グラフクイックカラー：カラフルなパレット4

❸軸ラベル

完成例では、軸ラベル「単位：千円」を追加し、次のような書式を設定しています。

> 文字の方向：横向き

❹

2024 年 6 月 7 日

店長　各位

販売推進部長

❺　**新生活応援キャンペーン売上実績および目標達成率について**

平素は拡販にご尽力いただきまして誠にありがとうございます。

さて、下記のとおり、新生活応援キャンペーンでの各店舗の売上実績ならびに目標達成率をお知らせいたします。

今後とも、サービスの質の向上および積極的な拡販活動に重点をおき、さらなる売上を目標にご尽力いただきますようお願いいたします。

記

■新生活応援キャンペーン売上実績および目標達成率

単位：千円

	売上目標	家電	パソコン	オーディオ	モバイル端末	その他	売上実績	目標達成率
新宿店	17,000	3,222	3,985	3,326	3,689	2,761	16,983	99.9%
秋葉原店	14,000	2,250	2,630	3,126	2,849	1,923	12,778	91.3%
横浜店	16,000	3,620	3,525	4,969	3,337	3,004	18,454	115.3%
大宮店	12,000	2,102	2,763	2,687	2,050	1,648	11,250	93.7%
千葉店	10,000	2,850	2,751	4,125	2,989	2,185	14,901	149.0%
合計	69,000	14,043	15,655	18,231	14,914	11,522	74,366	107.8%

❻❼

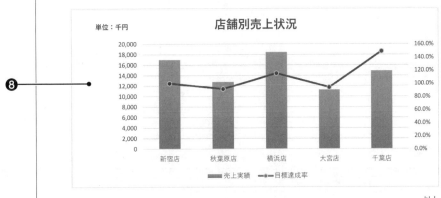

以上

138

❹ページ設定

完成例では、次のように余白を変更しています。

> 上・下：20mm　　　左・右：17mm

❺表題

完成例では、表題に次のような書式を設定しています。

> フォントサイズ：14ポイント
> 太字
> 中央揃え

❻表のコピー

Excelで作成した表をコピーします。

完成例では、表は元の書式を保持したまま文書に貼り付けています。

STEP UP

Excelの表を貼り付ける方法

Excelの表をWord文書に貼り付ける方法には、次のようなものがあります。

● Wordの表として貼り付ける

ボタン	ボタン名	説明
	元の書式を保持	Excelで設定した書式のまま、貼り付けます。 ※初期の設定では （貼り付け）をクリックすると、この形式で貼り付けられます。
	貼り付け先のスタイルを使用	Wordの標準の表のスタイルで貼り付けます。

● Excelの表とリンクしたWordの表として貼り付ける

ボタン	ボタン名	説明
	リンク（元の書式を保持）	Excelで設定した書式のまま、Excelデータと連携された状態で貼り付けます。
	リンク（貼り付け先のスタイルを使用）	Wordの標準の表のスタイルで、Excelデータと連携された状態で貼り付けます。

※リンク元のファイルがOneDriveと同期されているフォルダーに保存されていると、リンクが正しく設定されず、リンクの更新ができない場合があります。リンク元のファイルは、ローカルディスクやUSBドライブなどOneDriveと同期していない場所に保存するようにします。

● 図として貼り付ける

ボタン	ボタン名	説明
	図	Excelで設定した書式のまま、図として貼り付けます。 ※図としての扱いになるため、入力されているデータの変更はできなくなります。

● 文字だけを貼り付ける

ボタン	ボタン名	説明
	テキストのみ保持	Excelで設定した書式を削除し、文字だけを貼り付けます。 ※データの区切りは　→（タブ）で表されます。

❼ 表の書式設定

完成例では、表に次のような書式を設定し、表全体を水平方向の中央に配置しています。

フォントサイズ:9ポイント

	売上目標	家電	パソコン	オーディオ	モバイル端末	その他	売上実績	目標達成率
新宿店	17,000	3,222	3,985	3,326	3,689	2,761	16,983	99.9%
秋葉原店	14,000	2,250	2,630	3,126	2,849	1,923	12,778	91.3%
横浜店	16,000	3,620	3,525	4,969	3,337	3,004	18,454	115.3%
大宮店	12,000	2,102	2,763	2,687	2,050	1,648	11,250	93.7%
千葉店	10,000	2,850	2,751	4,125	2,989	2,185	14,901	149.0%
合計	69,000	14,043	15,655	18,231	14,914	11,522	74,366	107.8%

列の幅:20mm　　　　　　　　　　　　　　　　列の幅:17mm

❽ グラフのコピー

Excelで作成したグラフをコピーします。

完成例では、グラフは元の書式を保持したまま文書に貼り付けています。

STEP UP

Excelのグラフを貼り付ける方法

ExcelのグラフをWord文書に貼り付ける方法には、次のようなものがあります。

●Excelのグラフを埋め込んで貼り付ける

ボタン	ボタン名	説明
	元の書式を保持しブックを埋め込む	Excelで設定した書式のまま、Word文書に埋め込みます。
	貼り付け先のテーマを使用しブックを埋め込む	Excelで設定した書式を削除し、Word文書に設定されているテーマで埋め込みます。

●Excelのグラフをリンクして貼り付ける

ボタン	ボタン名	説明
	元の書式を保持しデータをリンク	Excelで設定した書式のまま、Excelデータと連携された状態で貼り付けます。
	貼り付け先テーマを使用しデータをリンク	Excelで設定した書式を削除し、Word文書に設定されているテーマで、Excelデータと連携された状態で貼り付けます。 ※初期の設定では ▢ (貼り付け)をクリックすると、この形式で貼り付けられます。

※リンク元のファイルがOneDriveと同期されているフォルダーに保存されていると、リンクが正しく設定されず、リンクの更新ができない場合があります。リンク元のファイルは、ローカルディスクやUSBドライブなどOneDriveと同期していない場所に保存するようにします。

●図として貼り付ける

ボタン	ボタン名	説明
	図	Excelで設定した書式のまま、図として貼り付けます。 ※図としての扱いになるため、データの変更はできなくなります。

複合グラフの作成

① ブック「Lesson18」のシート「Sheet1」のセル範囲【A3：A8】を選択

② Ctrl を押しながら、セル範囲【H3：I8】を選択

③ 《挿入》タブ→《グラフ》グループの ⬚ (複合グラフの挿入) →《組み合わせ》の《集合縦棒-第2軸の折れ線》(左から2番目) をクリック

④ グラフを選択

⑤ 《グラフのデザイン》タブ→《種類》グループの ⬚ (グラフの種類の変更) をクリック

⑥ 《すべてのグラフ》タブを選択

⑦ 左側の一覧から《組み合わせ》を選択

⑧ 《データ系列に使用するグラフの種類と軸を選択してください》の「売上実績」が《集合縦棒》になっていることを確認

⑨ 「目標達成率」の ⌄ →《折れ線》の《マーカー付き折れ線》(左から4番目、上から1番目) をクリック

⑩ 《目標達成率》の《第2軸》が ✔ になっていることを確認

⑪ 《OK》をクリック

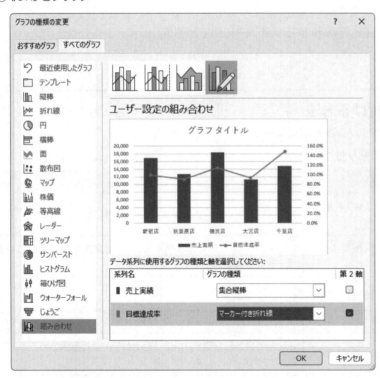

グラフの位置とサイズの調整

① グラフエリアをポイントし、マウスポインターの形が ⬚ に変わったら、ドラッグして移動 (目安：セル【A11】)

② グラフエリア右下の○ (ハンドル) をポイントし、マウスポインターの形が ⬚ に変わったら、ドラッグしてサイズを変更 (目安：セル【I27】)

グラフの書式設定

① グラフを選択

② 《グラフのデザイン》タブ→《グラフスタイル》グループの ⌄ →《スタイル4》をクリック

③ 《グラフのデザイン》タブ→《グラフスタイル》グループの ⬚ (グラフクイックカラー) →《カラフル》の《カラフルなパレット4》(上から4番目) をクリック

グラフタイトルの修正

① グラフタイトルを2回クリック

※グラフタイトル内にカーソルが表示されます。

②「グラフタイトル」を「店舗別売上状況」に修正

③ グラフタイトル以外の場所をクリック

軸ラベルの追加

① グラフを選択

②《グラフのデザイン》タブ→《グラフのレイアウト》グループの （グラフ要素を追加）→《軸ラベル》→《第1縦軸》をクリック

③ 軸ラベルが選択されていることを確認

④ 軸ラベルをクリック

⑤「軸ラベル」を削除し、「単位：千円」と入力

⑥《ホーム》タブ→《配置》グループの （方向）→《左へ90度回転》をクリック

⑦ 軸ラベル以外の場所をクリック

⑧ 軸ラベルをポイントし、マウスポインターの形が に変わったら、ドラッグして移動

※ドラッグ中、マウスポインターの形が に変わります。

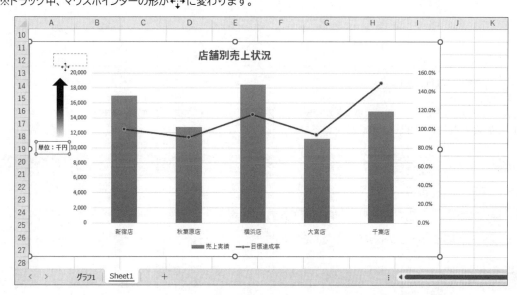

ページ設定の変更

① Word文書に切り替える

②《レイアウト》タブ→《ページ設定》グループの （ページサイズの選択）→《A4》が選択されていることを確認

③《レイアウト》タブ→《ページ設定》グループの （ページ設定）をクリック

④《余白》タブを選択

⑤《余白》の《上》と《下》を「20mm」、《左》と《右》を「17mm」に設定

⑥《OK》をクリック

文字の入力

① 次のように文字を入力

2024年6月7日↵
店長□各位↵
販売推進部長↵
↵
新生活応援キャンペーン売上実績および目標達成率について↵
↵
平素は拡販にご尽力いただきまして誠にありがとうございます。↵
さて、下記のとおり、新生活応援キャンペーンでの各店舗の売上実績ならびに目標達成率をお知らせいたします。↵
今後とも、サービスの質の向上および積極的な拡販活動に重点をおき、さらなる売上を目標にご尽力いただきますようお願いいたします。↵
↵
　　　　　　　　　　　　　　　記↵
■新生活応援キャンペーン売上実績および目標達成率↵
単位：千円↵
↵
↵
　　　　　　　　　　　　　　　　　　　　　　　　　　　以上↵
↵

※↵で Enter を押して改行します。
※□は全角空白を表します。
※「記」と入力して改行すると、自動的に中央揃えが設定され、2行下に「以上」が右揃えで挿入されます。
※「■」は「しかく」と入力して変換します。

文字の配置

① 「2024年6月7日」の行を選択

② Ctrl を押しながら、「販売推進部長」と「単位：千円」の行を選択

③ 《ホーム》タブ→《段落》グループの ≡ （右揃え）をクリック

表題の書式設定

① 「新生活応援キャンペーン売上実績および目標達成率について」の行を選択

② 《ホーム》タブ→《フォント》グループの 10.5 （フォントサイズ）の ˅ →《14》をクリック

③ 《ホーム》タブ→《フォント》グループの B （太字）をクリック

④ 《ホーム》タブ→《段落》グループの ≡ （中央揃え）をクリック

表のコピー

① ブック「Lesson18」のシート「Sheet1」に切り替える

② セル範囲【A3：I9】を選択

③ 《ホーム》タブ→《クリップボード》グループの[コピー] (コピー) をクリック

④ 作成中のWord文書に切り替える

⑤ 「単位：千円」の下の行にカーソルを移動

⑥ 《ホーム》タブ→《クリップボード》グループの[貼り付け] (貼り付け) の[貼り付け]→[元の書式を保持] (元の書式を保持) をクリック

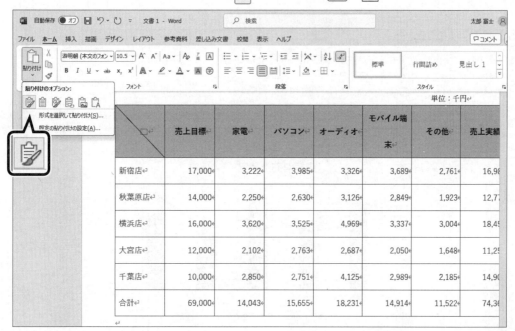

表の書式設定

① 表全体を選択

② 《ホーム》タブ→《フォント》グループの[　] (フォントサイズ) の[▾]→《9》をクリック

③ 表の1〜8列目を選択

④ 《レイアウト》タブ→《セルのサイズ》グループの[列の幅の設定] (列の幅の設定) を「20mm」に設定

⑤ 表の9列目を選択

⑥ 《レイアウト》タブ→《セルのサイズ》グループの[列の幅の設定] (列の幅の設定) を「17mm」に設定

※図のように、「モバイル」と「目標」のうしろでそれぞれ改行しておきましょう。

⑦ 表全体を選択

⑧ 《ホーム》タブ→《段落》グループの[中央揃え] (中央揃え) をクリック

■新生活応援キャンペーン売上実績および目標達成率

単位：千円

	売上目標	家電	パソコン	オーディオ	モバイル端末	その他	売上実績	目標達成率
新宿店	17,000	3,222	3,985	3,326	3,689	2,761	16,983	99.9%
秋葉原店	14,000	2,250	2,630	3,126	2,849	1,923	12,778	91.3%
横浜店	16,000	3,620	3,525	4,969	3,337	3,004	18,454	115.3%
大宮店	12,000	2,102	2,763	2,687	2,050	1,648	11,250	93.7%
千葉店	10,000	2,850	2,751	4,125	2,989	2,185	14,901	149.0%
合計	69,000	14,043	15,655	18,231	14,914	11,522	74,366	107.8%

以上

グラフのコピー

① ブック「Lesson18」のシート「Sheet1」に切り替える

② グラフを選択

③ 《ホーム》タブ→《クリップボード》グループの 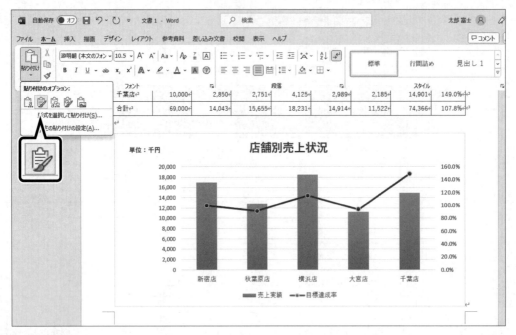 (コピー) をクリック

④ 作成中のWord文書に切り替える

⑤ 表の2行下にカーソルを移動

⑥ 《ホーム》タブ→《クリップボード》グループの (貼り付け) の → (元の書式を保持しブックを埋め込む) を
　クリック

⑦ グラフを選択

⑧ グラフの下の○ (ハンドル) をポイントし、マウスポインターの形が に変わったら、ドラッグしてサイズを変更

ケーススタディ9

セミナー開催状況を
管理する

Lesson20　マスタの作成 ………………………………………… 147
Lesson21　開催セミナー一覧表の作成 ………………………… 151
Lesson22　セミナー別の集計 …………………………………… 156

マスタの作成

問題

あなたは、株式会社FOM文化教育センターの営業推進部に所属し、各地区で実施するセミナーを取りまとめ、集客する活動を担当しています。上司から「2024年4月に全国で開催するセミナーの一覧表を作成してほしい。まずは、スクールとセミナーのマスタを作成して、できたら見せてください。」と指示されました。

以下の条件に従って、Excelで新規にブックを作成してください。

OPEN

📄 新しいブック

条件

①次のデータをもとに、スクールマスタを作成すること。

スクールコード	スクール名
K	京橋校
N	難波校
U	梅田校

②次のデータをもとに、セミナーマスタを作成すること。

セミナーコード	カテゴリ	セミナー名	受講料
A001	投資	オンライン取引講座	¥6,000
A002	投資	初心者のための資産運用講座	¥18,000
B001	経営	マーケティング講座	¥18,000
B002	経営	経営者のための経営分析講座	¥20,000
C001	就職	面接試験突破講座	¥4,000
C002	就職	自己分析・自己表現講座	¥2,000

③それぞれ新しいシートに作成し、シートの名前を「スクールマスタ」「セミナーマスタ」とすること。

④それぞれデータが参照されることを想定して、適切な表を作成し配置すること。

⑤表が見やすくなるように、書式を適宜設定すること。

※作成したブックに「Lesson20」と名前を付けて保存しましょう。

標準的な完成例とアドバイス

以下の完成例に仕上げるために、次のような点に気を付けて作成しましょう。

 ● 「マスタ」とは、処理のもとになる根幹のデータをまとめたもので、「台帳」のような役割を持ちます。Excelでは、マスタとなる表を用意しておくと、セミナーの一覧表を作成するときに、マスタからデータを参照できるようになります。
どのようなマスタにすると使いやすくなるか、表の構成を考えながら作成しましょう。

■ 完成例

❶ スクールマスタ

XLOOKUP関数を使ってデータが参照されるように、1スクール1レコードにします。
完成例では、項目名のセルに次のような書式を設定しています。

> 塗りつぶしの色：白、背景1、黒+基本色25%
> 太字
> 中央揃え

❷ セミナーマスタ

XLOOKUP関数を使ってデータが参照されるように、1セミナー1レコードにします。
完成例では、項目名のセルに次のような書式を設定しています。

> 塗りつぶしの色：白、背景1、黒+基本色25%
> 太字
> 中央揃え

また、数値のセルには「通貨表示形式」を設定しています。

1

2

3

4

5

6

7

8

9

10

標準的な操作手順

シートの挿入

① ⊕（新しいシート）をクリック

シート名の変更

① シート「Sheet1」のシート見出しをダブルクリック

② 「スクールマスタ」と入力し、[Enter]を押す

③ シート「Sheet2」のシート見出しをダブルクリック

④ 「セミナーマスタ」と入力し、[Enter]を押す

データの入力

① シート「スクールマスタ」に、次のようにデータを入力

	A	B
1	スクールコード	スクール名
2	K	京橋校
3	N	難波校
4	U	梅田校
5		

列の幅の変更

① 列番号【A：B】を選択

② 選択した列番号の右側の境界線をポイントし、マウスポインターの形が ✛ に変わったら、ダブルクリック

罫線の設定

① セル範囲【A1：B4】を選択

② 《ホーム》タブ→《フォント》グループの ⊞・（下罫線）の・→《格子》をクリック

項目名の書式設定

① セル範囲【A1：B1】を選択

② 《ホーム》タブ→《フォント》グループの ◇・（塗りつぶしの色）の・→《テーマの色》の《白、背景1、黒＋基本色25%》（左から1番目、上から4番目）をクリック

③ 《ホーム》タブ→《フォント》グループの B （太字）をクリック

④ 《ホーム》タブ→《配置》グループの ≡ （中央揃え）をクリック

データの入力

① シート「セミナーマスタ」に、次のようにデータを入力

	A	B	C	D
1	セミナーコード	カテゴリ	セミナー名	受講料
2	A001	投資	オンライン取引講座	6000
3	A002	投資	初心者のための資産運用講座	18000
4	B001	経営	マーケティング講座	18000
5	B002	経営	経営者のための経営分析講座	20000
6	C001	就職	面接試験突破講座	4000
7	C002	就職	自己分析・自己表現講座	2000
8				

列の幅の変更

① 列番号【A：D】を選択

② 選択した列番号の右側の境界線をポイントし、マウスポインターの形が ✛ に変わったら、ダブルクリック

罫線の設定

① セル範囲【A1：D7】を選択

②《ホーム》タブ→《フォント》グループの 田 (格子) をクリック

項目名の書式のコピー/貼り付け

① シート「スクールマスタ」のセル【A1】をクリック

②《ホーム》タブ→《クリップボード》グループの 🖌 (書式のコピー/貼り付け) をクリック

③ シート「セミナーマスタ」のセル範囲【A1：D1】を選択

表示形式の設定

① セル範囲【D2：D7】を選択

②《ホーム》タブ→《数値》グループの 🔲 (通貨表示形式) をクリック

ケーススタディ9
開催セミナー一覧表の作成

問題

あなたが作成したスクールマスタとセミナーマスタを上司に見せたところ、「それらのマスタと各スクールから提出されたセミナー開催予定をもとに、2024年4月に全スクールで開催するセミナーの一覧表を作成してください。」と指示されました。

以下の条件に従って、Excelでブックを編集してください。

OPEN

E| Lesson20

条件

①各スクールから提出された次の「セミナー開催予定」のデータをもとにすること。

■京橋校

セミナーコード	セミナー名	開催日	時間	定員
A001	オンライン取引講座	2024/4/4	14:00〜17:00	40
A002	初心者のための資産運用講座	2024/4/29	17:00〜20:00	40
B001	マーケティング講座	2024/4/6	10:00〜13:00	30
B002	経営者のための経営分析講座	2024/4/15	10:00〜13:00	30
C002	自己分析・自己表現講座	2024/4/26	14:00〜17:00	20

■難波校

セミナーコード	セミナー名	開催日	時間	定員
A001	オンライン取引講座	2024/4/7	17:00〜20:00	60
A002	初心者のための資産運用講座	2024/4/16	17:00〜20:00	60
B001	マーケティング講座	2024/4/24	14:00〜17:00	50
B002	経営者のための経営分析講座	2024/4/10	14:00〜17:00	50
C001	面接試験突破講座	2024/4/5	14:00〜17:00	30

■梅田校

セミナーコード	セミナー名	開催日	時間	定員
A001	オンライン取引講座	2024/4/18	9:30〜12:30	30
A002	初心者のための資産運用講座	2024/4/23	9:30〜12:30	30
B001	マーケティング講座	2024/4/17	17:00〜20:00	30
B002	経営者のための経営分析講座	2024/4/24	17:00〜20:00	30
C001	面接試験突破講座	2024/4/11	14:00〜17:00	20
C002	自己分析・自己表現講座	2024/4/8	14:00〜17:00	20

②新しいシートを作成し、シートの名前を「開催セミナー一覧表」とすること。

③表には「開催月日」「曜日」「開始時間」「終了時間」「スクールコード」「スクール名」「セミナーコード」「カテゴリ」「セミナー名」「受講料」「定員」の各項目を設けること。

④並べ替えや集計に利用できるように、1セミナー1レコードにすること。

⑤表のデータは、スクールマスタとセミナーマスタを参照して効率的に入力すること。

⑥表が見やすくなるように、書式を適宜設定すること。

※作成したブックに「Lesson21」と名前を付けて保存しましょう。

標準的な完成例とアドバイス

以下の完成例に仕上げるために、次のような点に気を付けて作成しましょう。

 ●一覧表を作成する際にマスタを使うメリットは、関数を使ってデータを自動表示させることによって、「カテゴリ」や「セミナー名」を手入力する必要がなくなるということです。
●数式をコピーする際には、セルの絶対参照と複合参照を使い分けて、効率よく入力しましょう。

■ 完成例

開催月日	曜日	開始時間	終了時間	スクールコード	スクール名	セミナーコード	カテゴリ	セミナー名	受講料	定員
4月4日	木	14:00	17:00	K	京橋校	A001	投資	オンライン取引講座	¥6,000	40
4月29日	月	17:00	20:00	K	京橋校	A002	投資	初心者のための資産運用講座	¥18,000	40
4月6日	土	10:00	13:00	K	京橋校	B001	経営	マーケティング講座	¥18,000	30
4月15日	月	10:00	13:00	K	京橋校	B002	経営	経営者のための経営分析講座	¥20,000	30
4月26日	金	14:00	17:00	K	京橋校	C002	就職	自己分析・自己表現講座	¥2,000	20
4月7日	日	17:00	20:00	N	難波校	A001	投資	オンライン取引講座	¥6,000	60
4月16日	火	17:00	20:00	N	難波校	A002	投資	初心者のための資産運用講座	¥18,000	60
4月24日	水	14:00	17:00	N	難波校	B001	経営	マーケティング講座	¥18,000	50
4月10日	水	14:00	17:00	N	難波校	B002	経営	経営者のための経営分析講座	¥20,000	50
4月5日	金	14:00	17:00	N	難波校	C001	就職	面接試験突破講座	¥4,000	30
4月18日	木	9:30	12:30	U	梅田校	A001	投資	オンライン取引講座	¥6,000	30
4月23日	火	9:30	12:30	U	梅田校	A002	投資	初心者のための資産運用講座	¥18,000	30
4月17日	水	17:00	20:00	U	梅田校	B001	経営	マーケティング講座	¥18,000	30
4月24日	水	17:00	20:00	U	梅田校	B002	経営	経営者のための経営分析講座	¥20,000	30
4月11日	木	14:00	17:00	U	梅田校	C001	就職	面接試験突破講座	¥4,000	20
4月8日	月	14:00	17:00	U	梅田校	C002	就職	自己分析・自己表現講座	¥2,000	20

スクールマスタ　セミナーマスタ　**開催セミナー一覧表**　＋

❶ 項目名

完成例では、項目名のセルに次のような書式を設定しています。

> 塗りつぶしの色：ゴールド、アクセント4、白+基本色80%
> 太字
> 中央揃え

❷ 開催月日の書式設定

もとになるデータの「開催日」から年月日を転記し、月日だけが表示されるように表示形式を設定します。

STEP UP　日付の入力

「4/1」と入力すると、シートに「4月1日」と表示され、セルには「（入力年）/4/1」が格納されます。例えば、入力する日が2024年の場合は「2024/4/1」、2025年の場合は「2025/4/1」としてセルに格納されます。

❸ 曜日

「開催月日」を参照する数式を入力し、曜日だけが表示されるように表示形式を設定します。

❹ 開始時間・終了時間

もとになるデータの「時間」から開始時間と終了時間に分けて、それぞれ転記します。

❺ スクール名

XLOOKUP関数を使って、「スクールコード」を入力すると、対応する「スクール名」が自動的に参照されるようにします。「スクールコード」が入力されていない場合は何も表示しないようにします。

● XLOOKUP関数

「XLOOKUP関数」を使うと、検索範囲から該当するデータを検索し、対応する戻り範囲のデータを表示します。

=XLOOKUP(検索値,検索範囲,戻り範囲,見つからない場合,一致モード,検索モード)
　　　　　　❶　　　　　❷　　　　❸　　　　　❹　　　　　　❺　　　　　❻

---

❶ 検索値
検索対象のコードや番号を入力するセルを指定します。
※全角と半角、アルファベットの大文字と小文字は区別されません。

❷ 検索範囲
検索値を検索するセル範囲を指定します。

❸ 戻り範囲
検索値に対応するセル範囲を指定します。❷検索範囲と同じ高さのセル範囲を指定します。

❹ 見つからない場合
検索値が見つからない場合に返す値を指定します。
※省略できます。省略すると、エラー「#N/A」が返されます。「#N/A」は必要な値が入力されていない場合に表示されるエラーです。

❺ 一致モード
検索値を一致と判断する基準を指定します。

0	完全に一致するものを検索する。等しい値が見つからない場合、エラー「#N/A」を返す。
-1	完全に一致するものを検索する。等しい値が見つからない場合、次に小さいデータを返す。
1	完全に一致するものを検索する。等しい値が見つからない場合、次に大きいデータを返す。
2	ワイルドカード文字を使って検索する。

※省略できます。省略すると、「0」を指定したことになります。

❻ 検索モード

1	検索範囲の先頭から末尾へ向かって検索する。
-1	検索範囲の末尾から先頭へ向かって検索する。
2	昇順で並べ替えられた検索範囲を使用して検索する。大量のデータを高速に検索する必要がある場合に使う。並べ替えられていない場合、無効となる。
-2	降順で並べ替えられた検索範囲を使用して検索する。大量のデータを高速に検索する必要がある場合に使う。並べ替えられていない場合、無効となる。

※省略できます。省略すると、「1」を指定したことになります。

---

❻ カテゴリ・セミナー名・受講料

XLOOKUP関数を使って、「セミナーコード」を入力すると、対応する「カテゴリ」「セミナー名」「受講料」が自動的に参照されるようにします。「セミナーコード」が入力されていない場合は何も表示しないようにします。
完成例では、「受講料」のセルに「通貨表示形式」を設定しています。

❼ 定員

もとになるデータの「定員」をそのまま転記します。

標準的な操作手順

シートの挿入

① シート「セミナーマスタ」を選択

② ＋ (新しいシート) をクリック

シート名の変更

① 新しく追加したシートのシート見出しをダブルクリック

② 「開催セミナー一覧表」と入力し、Enter を押す

データの入力

① シート「開催セミナー一覧表」に、次のようにデータを入力

	A	B	C	D	E	F	G	H	I	J	K
1	開催月日	曜日	開始時間	終了時間	スクールコード	スクール名	セミナーコード	カテゴリ	セミナー名	受講料	定員
2	2024/4/4		14:00	17:00	K		A001				40
3	2024/4/29		17:00	20:00	K		A002				40
4	2024/4/6		10:00	13:00	K		B001				30
5	2024/4/15		10:00	13:00	K		B002				30
6	2024/4/26		14:00	17:00	K		C002				20
7	2024/4/7		17:00	20:00	N		A001				60
8	2024/4/16		17:00	20:00	N		A002				60
9	2024/4/24		14:00	17:00	N		B001				50
10	2024/4/10		14:00	17:00	N		B002				50
11	2024/4/5		14:00	17:00	N		C001				30
12	2024/4/18		9:30	12:30	U		A001				30
13	2024/4/23		9:30	12:30	U		A002				30
14	2024/4/17		17:00	20:00	U		B001				30
15	2024/4/24		17:00	20:00	U		B002				30
16	2024/4/11		14:00	17:00	U		C001				20
17	2024/4/8		14:00	17:00	U		C002				20
18											

曜日の表示

① セル【B2】に「=A2」と入力

② セル【B2】をクリック

③ 《ホーム》タブ→《数値》グループの ⬛ (表示形式) をクリック

④ 《表示形式》タブを選択

⑤ 《分類》の一覧から《ユーザー定義》を選択

⑥ 《種類》に「aaa」と入力

⑦ 《OK》をクリック

⑧ 《ホーム》タブ→《配置》グループの ☰ (中央揃え) をクリック

⑨ セル【B2】を選択し、セル右下の■ (フィルハンドル) をダブルクリック

スクール名の表示

① セル【F2】に「=XLOOKUP(E2,スクールマスタ!$A$2:$A$4,スクールマスタ!$B$2:$B$4,"")」と入力

② セル【F2】を選択し、セル右下の■(フィルハンドル)をダブルクリック

カテゴリ・セミナー名・受講料の表示

① セル【H2】に「=XLOOKUP($G2,セミナーマスタ!$A$2:$A$7,セミナーマスタ!B$2:B$7,"")」と入力

※セル【G2】は列方向、セミナーマスタのセル範囲【B2:B7】は行方向を固定します。

② セル【H2】を選択し、セル右下の■(フィルハンドル)をセル【J2】までドラッグ

③ セル範囲【H2:J2】を選択し、セル範囲右下の■(フィルハンドル)をセル【J17】までドラッグ

列の幅の変更

① 列番号【A:K】を選択

② 選択した列番号の右側の境界線をポイントし、マウスポインターの形が✛に変わったら、ダブルクリック

罫線の設定

① セル範囲【A1:K17】を選択

②《ホーム》タブ→《フォント》グループの⊞▾(下罫線)の▾→《格子》をクリック

項目名の書式設定

① セル範囲【A1:K1】を選択

②《ホーム》タブ→《フォント》グループの[塗りつぶしの色]▾(塗りつぶしの色)の▾→《テーマの色》の《ゴールド、アクセント4、白+基本色80%》(左から8番目、上から2番目)をクリック

③《ホーム》タブ→《フォント》グループの[B](太字)をクリック

④《ホーム》タブ→《配置》グループの[≡](中央揃え)をクリック

表示形式の設定

① セル範囲【A2:A17】を選択

②《ホーム》タブ→《数値》グループの[⬎](表示形式)をクリック

③《表示形式》タブを選択

④《分類》の一覧から《日付》を選択

⑤《種類》の一覧から《3月14日》を選択

⑥《OK》をクリック

⑦ セル範囲【J2:J17】を選択

⑧《ホーム》タブ→《数値》グループの[⬚](通貨表示形式)をクリック

セミナー別の集計

問題

2024年4月のセミナーをすべて実施したあと、上司から「セミナーの受講状況を知りたい。セミナー別に集計して受講状況を報告してください。」と指示されました。

以下の条件に従って、Excelでブックを編集してください。

OPEN
Lesson21

条件

①シート「開催セミナー一覧表」に各スクールから提出された次の「セミナー開催実績」のデータを入力すること。

■京橋校
開催日	セミナーコード	セミナー名	受講者数
2024/4/4	A001	オンライン取引講座	40名
2024/4/29	A002	初心者のための資産運用講座	28名
2024/4/6	B001	マーケティング講座	15名
2024/4/15	B002	経営者のための経営分析講座	24名
2024/4/26	C002	自己分析・自己表現講座	20名

■難波校
開催日	セミナーコード	セミナー名	受講者数
2024/4/7	A001	オンライン取引講座	38名
2024/4/16	A002	初心者のための資産運用講座	43名
2024/4/24	B001	マーケティング講座	25名
2024/4/10	B002	経営者のための経営分析講座	16名
2024/4/5	C001	面接試験突破講座	19名

■梅田校
開催日	セミナーコード	セミナー名	受講者数
2024/4/18	A001	オンライン取引講座	30名
2024/4/23	A002	初心者のための資産運用講座	26名
2024/4/17	B001	マーケティング講座	22名
2024/4/24	B002	経営者のための経営分析講座	29名
2024/4/11	C001	面接試験突破講座	20名
2024/4/8	C002	自己分析・自己表現講座	20名

②シート「開催セミナー一覧表」の表に「受講者数」「受講率」「売上金額」の各項目を追加すること。

③開催月日順に並べ替えて表示すること。

④条件付き書式を使って、受講率が90%以上の数値が目立つようにすること。

⑤新しいシート「セミナー別集計表」を作成し、セミナー別に受講状況を集計すること。

⑥セミナー別集計表には「セミナーコード」「セミナー名」「受講者数」「売上金額」の各項目を設けること。

⑦セミナーコードごとに、受講者数と売上金額の合計を求めること。

⑧表が見やすくなるように、書式を適宜設定すること。

※作成したブックに「Lesson22」と名前を付けて保存しましょう。

標準的な完成例とアドバイス

以下の完成例に仕上げるために、次のような点に気を付けて作成しましょう。

- データを集計するには、関数を使う、ピボットテーブルを使う、統合を使うなど、様々な方法があります。上司からどのような集計結果を求められているのかを考え、状況に合った方法で集計しましょう。

　ここでは、セミナー別に集計して受講状況を報告するという目的なので、受講者数の合計と売上金額の合計を求めるとよいでしょう。

■ 完成例

	開催月日	曜日	開始時間	終了時間	スクールコード	スクール名	セミナーコード	カテゴリ	セミナー名	受講料	定員	受講者数	受講率	売上金額
1	開催月日	曜日	開始時間	終了時間	スクールコード	スクール名	セミナーコード	カテゴリ	セミナー名	受講料	定員	受講者数	受講率	売上金額
2	4月4日	木	14:00	17:00	K	京橋校	A001	投資	オンライン取引講座	¥6,000	40	40	100%	¥240,000
3	4月5日	金	14:00	17:00	N	難波校	C001	就職	面接試験突破講座	¥4,000	30	19	63%	¥76,000
4	4月6日	土	10:00	13:00	K	京橋校	B001	経営	マーケティング講座	¥18,000	30	15	50%	¥270,000
5	4月7日	日	17:00	20:00	N	難波校	A001	投資	オンライン取引講座	¥6,000	60	38	63%	¥228,000
6	4月8日	月	14:00	17:00	U	梅田校	C002	就職	自己分析・自己表現講座	¥2,000	20	20	100%	¥40,000
7	4月10日	水	14:00	17:00	N	難波校	B002	経営	経営者のための経営分析講座	¥20,000	50	16	32%	¥320,000
8	4月11日	木	14:00	17:00	U	梅田校	C001	就職	面接試験突破講座	¥4,000	30	20	100%	¥80,000
9	4月15日	月	10:00	13:00	K	京橋校	B002	経営	経営者のための経営分析講座	¥20,000	30	24	80%	¥480,000
10	4月16日	火	17:00	20:00	N	難波校	A002	投資	初心者のための資産運用講座	¥18,000	60	43	72%	¥774,000
11	4月17日	水	17:00	20:00	U	梅田校	B001	経営	マーケティング講座	¥18,000	30	22	73%	¥396,000
12	4月18日	木	9:30	12:30	U	梅田校	A001	投資	オンライン取引講座	¥6,000	30	30	100%	¥180,000
13	4月23日	火	9:30	12:30	U	梅田校	A002	投資	初心者のための資産運用講座	¥18,000	30	26	87%	¥468,000
14	4月24日	水	14:00	17:00	N	難波校	B001	経営	マーケティング講座	¥18,000	50	25	50%	¥450,000
15	4月24日	水	17:00	20:00	U	梅田校	B002	経営	経営者のための経営分析講座	¥20,000	30	29	97%	¥580,000
16	4月26日	金	14:00	17:00	K	京橋校	C002	就職	自己分析・自己表現講座	¥2,000	20	20	100%	¥40,000
17	4月29日	月	17:00	20:00	K	京橋校	A002	投資	初心者のための資産運用講座	¥18,000	40	28	70%	¥504,000

スクールマスタ　セミナーマスタ　開催セミナー一覧表　セミナー別集計表　＋

	セミナーコード	セミナー名	受講者数	売上金額
1	セミナーコード	セミナー名	受講者数	売上金額
2	A001	オンライン取引講座	108	¥648,000
3	A002	初心者のための資産運用講座	97	¥1,746,000
4	B001	マーケティング講座	62	¥1,116,000
5	B002	経営者のための経営分析講座	69	¥1,380,000
6	C001	面接試験突破講座	39	¥156,000
7	C002	自己分析・自己表現講座	40	¥80,000
8	合計		415	¥5,126,000

スクールマスタ　セミナーマスタ　開催セミナー一覧表　セミナー別集計表

❶ 受講者数

もとになるデータの「受講者数」をそのまま転記します。

❷ 受講率

次の数式で、各セミナーの「受講率」を求めます。

> 受講率＝受講者数÷定員

完成例では、「受講率」のセルに「パーセントスタイル」を設定しています。
また、受講率が90%以上の数値には、次のような条件付き書式を設定しています。

> オレンジの背景色

❸ 売上金額

次の数式で、各セミナーの「売上金額」を求めます。

> 売上金額＝受講料×受講者数

完成例では、「売上金額」のセルに「通貨表示形式」を設定しています。

❹ 開催月日の並べ替え

開催月日が早い順に並べ替えて表示します。

STEP UP 並べ替え

「並べ替え」を使うと、指定したキー（基準）に従って、レコードを並べ替えることができます。
並べ替えの順序には、「昇順」と「降順」があります。

● 昇順

データ	順序
数値	0→9
英字	A→Z
日付	古→新
かな	あ→ん
JISコード	小→大

● 降順

データ	順序
数値	9→0
英字	Z→A
日付	新→古
かな	ん→あ
JISコード	大→小

※空白セルは、昇順でも降順でも表の末尾に並びます。

複数キーによる並べ替え

複数のキーで並べ替える方法は、次のとおりです。

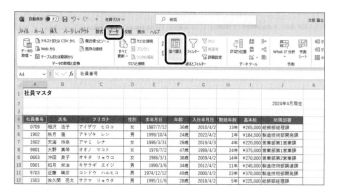

①表内の任意のセルをクリックします。
②《データ》タブ→《並べ替えとフィルター》グループの 〓 (並べ替え)をクリックします。

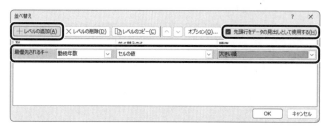

《並べ替え》ダイアログボックスが表示されます。
③《先頭行をデータの見出しとして使用する》を ✓ にします。
④《列》の《最優先されるキー》の ∨ をクリックし、一覧から並べ替える列を選択します。
⑤《並べ替えのキー》が《セルの値》になっていることを確認します。
⑥《順序》の ∨ をクリックし、一覧から昇順または降順を選択します。
※並べ替えのキーが数値の場合、昇順にするには一覧から《小さい順》を、降順にするには一覧から《大きい順》を選択します。
⑦《レベルの追加》をクリックします。

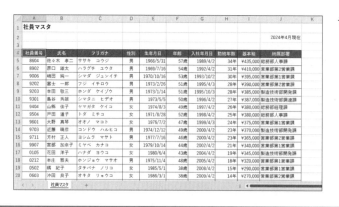

《次に優先されるキー》が表示されます。
⑧《次に優先されるキー》の《列》の ∨ をクリックし、一覧から並べ替える列を選択します。
⑨《並べ替えのキー》が《セルの値》になっていることを確認します。
⑩《順序》の ∨ をクリックし、一覧から昇順または降順を選択します。
⑪《OK》をクリックします。
※1回の並べ替えで指定できるキーは、最大64レベルです。

データが並び変わります。

❺セミナー別の「受講者数」「売上金額」の合計

SUMIF関数を使うと、指定した範囲内で条件を満たしているセルの合計を求めることができます。指定できる検索条件は1つだけです。

例えば、売上表の中から商品コードごとの売上合計を求めるときなどに使うことができます。

●SUMIF関数

「SUMIF関数」を使うと、条件に一致するセルの合計を表示できます。

=SUMIF(範囲,検索条件,合計範囲)
　　　　　❶　　　❷　　　❸

❶範囲
検索の対象となるセル範囲を指定します。

❷検索条件
検索条件を文字列またはセル、数値、数式で指定します。「">15"」「"<>0"」のように比較演算子を使って指定することもできます。
※条件にはワイルドカード文字が使えます。

❸合計範囲
合計を求めるセル範囲を指定します。
※省略できます。省略すると❶範囲が対象になります。

STEP UP **ワイルドカード文字を使った検索**

「ワイルドカード文字」を使って、部分的に等しい文字列を検索条件として指定できます。
指定できるワイルドカード文字は、次のとおりです。

ワイルドカード文字	意味
？（疑問符）	同じ位置にある任意の1文字
＊（アスタリスク）	同じ位置にある任意の数の文字

※通常の文字として「？」や「＊」を検索する場合は、「˜？」のように「˜（チルダ）」を付けます。
※ワイルドカード文字は半角で入力します。

標準的な操作手順

データの入力

① シート「開催セミナー一覧表」に、次のようにデータを入力

	L	M	N
1	受講者数	受講率	売上金額
2	40		
3	28		
4	15		
5	24		
6	20		
7	38		
8	43		
9	25		
10	16		
11	19		
12	30		
13	26		
14	22		
15	29		
16	20		
17	20		
18			

受講率の算出

① セル【M2】に「=L2/K2」と入力

② セル【M2】を選択し、セル右下の■（フィルハンドル）をダブルクリック

売上金額の算出

① セル【N2】に「=J2*L2」と入力

② セル【N2】を選択し、セル右下の■（フィルハンドル）をダブルクリック

※「売上金額」のセルには、「通貨表示形式」が自動的に適用されます。

罫線の設定

① セル範囲【L1：N17】を選択

② 《ホーム》タブ→《フォント》グループの ⊞▾ （下罫線）の ▾ →《格子》をクリック

受講率の表示形式の設定

① セル範囲【M2：M17】を選択

② 《ホーム》タブ→《数値》グループの ％ （パーセントスタイル）をクリック

条件付き書式の設定

① セル範囲【M2：M17】を選択

②《ホーム》タブ→《スタイル》グループの ▦条件付き書式▾ (条件付き書式)→《新しいルール》をクリック

③《ルールの種類を選択してください》の一覧から《指定の値を含むセルだけを書式設定》を選択

④《次のセルのみを書式設定》の左のボックスが《セルの値》になっていることを確認

⑤ 2つ目のボックスの ▾ をクリックし、一覧から《次の値以上》を選択

⑥ 右のボックスに「90%」と入力
※「0.9」と入力してもかまいません。

⑦《書式》をクリック

⑧《塗りつぶし》タブを選択

⑨《背景色》の一覧からオレンジ (左から3番目、上から7番目)を選択

⑩《OK》をクリック

⑪《OK》をクリック

並べ替えの設定

① セル【A1】をクリック
※表内のA列のセルであれば、どこでもかまいません。

②《データ》タブ→《並べ替えとフィルター》グループの ↓ (昇順)をクリック

シートの挿入

① ⊞ (新しいシート)をクリック

シート名の変更

① 新しく追加したシートのシート見出しをダブルクリック

②「セミナー別集計表」と入力し、[Enter]を押す

データの入力

① シート「セミナーマスタ」のセル範囲【A1：A7】を選択

②《ホーム》タブ→《クリップボード》グループの ▤ (コピー)をクリック

③ シート「セミナー別集計表」のセル【A1】をクリック

④《ホーム》タブ→《クリップボード》グループの ▤ (貼り付け)をクリック

⑤ シート「セミナーマスタ」のセル範囲【C1：C7】を選択

⑥《ホーム》タブ→《クリップボード》グループの ▤ (コピー)をクリック

⑦ シート「セミナー別集計表」のセル【B1】をクリック

⑧《ホーム》タブ→《クリップボード》グループの ▤ (貼り付け)をクリック

⑨ シート「セミナー別集計表」のセル【C1】に「受講者数」と入力

⑩ セル【D1】に「売上金額」と入力

⑪ セル【A8】に「合計」と入力

書式と罫線の設定

① セル範囲【A1：D8】を選択

②《ホーム》タブ→《フォント》グループの 田 (格子) をクリック

③ セル【A1】をクリック

④《ホーム》タブ→《クリップボード》グループの ◆ (書式のコピー/貼り付け) をダブルクリック

⑤ セル範囲【C1：D1】を選択

⑥ セル【A8】をクリック

⑦ [Esc] を押して、書式のコピー/貼り付けを解除

⑧ セル範囲【A8：B8】を選択

⑨《ホーム》タブ→《配置》グループの 圉 (セルを結合して中央揃え) をクリック

列の幅の変更

① 列番号【A】を選択

②[Ctrl] を押しながら、列番号【C：D】を選択

③ 選択した列番号を右クリック

④《列の幅》をクリック

⑤《列の幅》に「14」と入力

⑥《OK》をクリック

⑦ B列の右側の境界線をポイントし、マウスポインターの形が ✛ に変わったら、ダブルクリック

セミナー別の「受講者数」と「売上金額」の集計

① セル【C2】に「=SUMIF(開催セミナー一覧表!$G$2：$G$17,セミナー別集計表!$A2,開催セミナー一覧表!$L$2：$L$17)」と入力

※セミナー別集計表のセル【A2】は列方向を固定します。

② セル【C2】を選択し、セル右下の■ (フィルハンドル) をセル【D2】までドラッグ

③ セル【D2】を「=SUMIF(開催セミナー一覧表!$G$2：$G$17,セミナー別集計表!$A2,開催セミナー一覧表!$N$2：$N$17)」に修正

④ セル範囲【C2：D2】を選択し、セル範囲右下の■ (フィルハンドル) をセル【D7】までドラッグ

合計の算出

① セル範囲【C8：D8】を選択

②《ホーム》タブ→《編集》グループの Σ (合計) をクリック

売上金額の書式設定

① セル範囲【D2：D8】を選択

②《ホーム》タブ→《数値》グループの 圏 (通貨表示形式) をクリック

ケーススタディ**10**

売上見込み・売上実績を集計する

Lesson23　売上見込みの提出を依頼するレポートの作成 …… 165
Lesson24　売上見込みの集計 ……………………………… 173
Lesson25　売上実績の集計 ………………………………… 181

問題

あなたは、ベビー商品の開発・販売を行うFOMベビーズ株式会社の営業推進部に所属し、各店舗の拡販活動のサポートや売上数値の取りまとめを行っています。

景気の低迷の影響で、FOMベビーズ株式会社も売上が芳しくありません。全国の各店舗から報告された8月・9月の売上見込みを含めて2024年度上期売上見込みを計算したところ、予算をかなり下回る悪い状況であることが判明しました。先日行われた幹部会で、この状況を打破するために、追加拡販施策を早急に策定し、各店舗で実施することが決定しました。

会議後、営業推進部では関連部門と協議を重ねたうえで、次の追加拡販施策を策定し、承認してもらいました。

```
●ポイントアップキャンペーン
期間        8/16～9/30
対象者      カード会員、新規入会者
内容        通常「2ポイント/100円」のところ、期間中は5倍の「10ポイント/100円」を加算
            新規入会者には、100ポイントをプレゼント
            ※実施方法については、社内サイトにて告知
配布ツール   店頭貼付用ポスター　20部

●セット割引キャンペーン
期間        9/20～9/30
対象者      対象商品購入者
内容        対象商品を複数個購入すると、最大で30%オフ
            ※実施方法については、社内サイトにて告知
配布ツール   店頭貼付用ポスター　20部
            対象商品貼付用シール　1,000枚
```

あなたは上司に呼ばれ「各店舗に追加拡販施策の内容を告知してほしい。さらに、この施策を踏まえて各店舗の8月・9月の売上見込みを再提出してもらうレポートを作成してください。」と指示されました。
あなたは上司に回答の詳細について確認し、次のメモを取りました。

```
回答方法    担当者宛てにメールで
 〃 内容    店舗名、8月・9月売上見込み(千円)
 〃 期限    8/12  17:00まで
```

以下の条件に従って、Wordで新規に文書を作成してください。

新しい文書

①発信番号は「営推2024-056」とすること。

②発信日付は「2024年7月22日」とすること。

③受信者名は店長全員とすること。

④発信者名は「営業推進部長」とすること。

⑤レポートの表題は「追加拡販施策の実施および売上見込みの再提出について」とすること。

⑥レポートの主文には、次の内容を入れること。

・2024年度上期売上見込みが予算を大幅に下回っていること。
・売上の追い込みのために、追加拡販施策を実施することが決定したこと。
・追加拡販施策の内容を踏まえ、8月・9月の売上見込みの再提出を依頼すること。

---

⑦記書きには、次の内容を入れること。

・追加拡販施策の内容
・売上見込みの再提出の依頼

---

⑧担当者として、次の内容を入れること。

担当者が「阿部」であること。
内線が「6443」であること。
メールアドレスが「abe@fom-babies.xx.xx」であること。

---

⑨レポートが見やすくなるように、書式を適宜設定すること。

⑩A4縦1ページにバランスよくレイアウトすること。

※作成した文書に「Lesson23」と名前を付けて保存しましょう。

1
2
3
4
5
6
7
8
9
10

標準的な完成例とアドバイス

以下の完成例に仕上げるために、次のような点に気を付けて作成しましょう。

- 記書きの中に複数の階層がある場合、段落番号にレベルを付けてわかりやすく表現するとよいでしょう。また、レベルに応じてインデントを設定することで文章にまとまりができて、読みやすくなります。
- 文字数が多いレポートの場合、ページの余白や行数などを設定して、バランスよくレイアウトしましょう。

■ 完成例

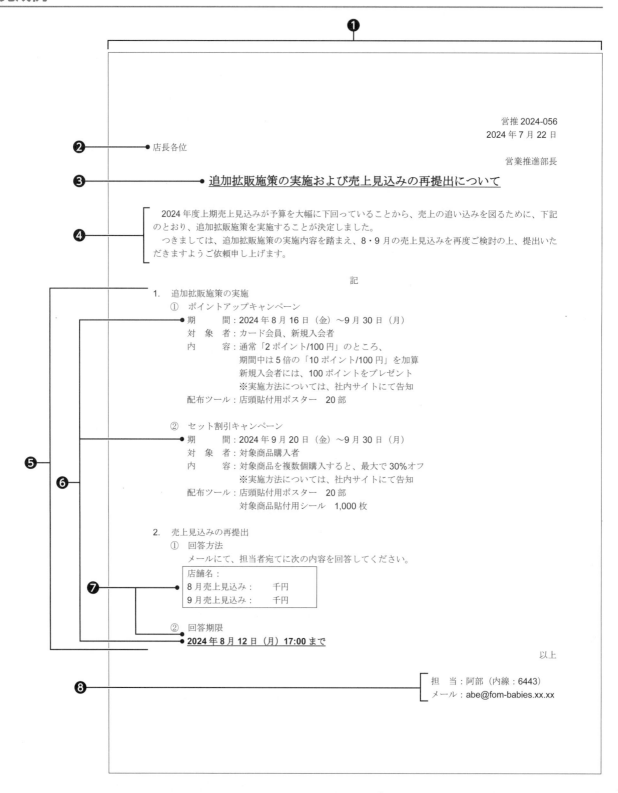

営推 2024-056
2024 年 7 月 22 日

店長各位

営業推進部長

追加拡販施策の実施および売上見込みの再提出について

　2024 年度上期売上見込みが予算を大幅に下回っていることから、売上の追い込みを図るために、下記のとおり、追加拡販施策を実施することが決定しました。
　つきましては、追加拡販施策の実施内容を踏まえ、8・9 月の売上見込みを再度ご検討の上、提出いただきますようご依頼申し上げます。

記

1. 追加拡販施策の実施
   ① ポイントアップキャンペーン
   期　　　間：2024 年 8 月 16 日（金）～9 月 30 日（月）
   対　象　者：カード会員、新規入会者
   内　　　容：通常「2 ポイント/100 円」のところ、
   　　　　　　期間中は 5 倍の「10 ポイント/100 円」を加算
   　　　　　　新規入会者には、100 ポイントをプレゼント
   　　　　　　※実施方法については、社内サイトにて告知
   配布ツール：店頭貼付用ポスター　20 部

   ② セット割引キャンペーン
   期　　　間：2024 年 9 月 20 日（金）～9 月 30 日（月）
   対　象　者：対象商品購入者
   内　　　容：対象商品を複数個購入すると、最大で 30%オフ
   　　　　　　※実施方法については、社内サイトにて告知
   配布ツール：店頭貼付用ポスター　20 部
   　　　　　　対象商品貼付用シール　1,000 枚

2. 売上見込みの再提出
   ① 回答方法
   　　メールにて、担当者宛てに次の内容を回答してください。

店舗名：	
8 月売上見込み：	千円
9 月売上見込み：	千円

   ② 回答期限
   　　2024 年 8 月 12 日（月）17:00 まで

以上

担　当：阿部（内線：6443）
メール：abe@fom-babies.xx.xx

❶ ❷ ❸ ❹ ❺ ❻ ❼ ❽

❶ ページ設定

完成例では、次のようにページ設定を変更しています。

余白	：やや狭い
行数	：45行
日本語用のフォント	：MS明朝
英数字用のフォント	：Arial

❷ 受信者名

店長全員に知らせるレポートなので、「店長各位」とします。

なお、社内文書は、社内規定が設けられている場合があるので、それに従いましょう。

❸ 表題

完成例では、表題に次のような書式を設定しています。

> フォントサイズ：14ポイント
> 太字
> 下線
> 中央揃え

❹ 主文

用件を簡潔に記述します。

❺ 記書き

完成例では、次のように記書きの段落番号にレベルを付けています。

> 上位レベルの段落番号：1. 2. 3.
> 下位レベルの段落番号：① ② ③

また、レベルに応じて左インデントを設定しています。

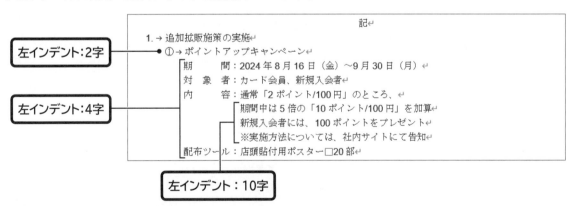

完成例では、「：（コロン）」の位置をそろえるために、「期間」「対象者」「内容」に均等割り付けを設定しています。

> 均等割り付け：5字

❻ 日付

完成例では、日付に曜日を追加して、わかりやすく表現しています。

❼ 重要な内容・注意すべき内容

受信者から回答をもらう場合や、受信者に注意してほしい内容は目立つように強調するとよいでしょう。

完成例では、回答すべき内容を枠線で囲んでいます。段落全体に罫線を引いたあと、右インデントを設定して罫線の幅を調整しています。

右インデント：28字

また、回答期限の日時には次のような書式を設定しています。

太字
下線

❽ 担当者

担当者の名前・内線・メールアドレスを明記します。

完成例では、「：(コロン)」の位置をそろえるために、「担当」に均等割り付けを設定しています。

均等割り付け：3字

また、右揃えでは行頭がそろわないので、左インデントを設定しています。

左インデント：32字

標準的な操作手順

ページ設定の変更

① 《レイアウト》タブ→《ページ設定》グループの［サイズ］(ページサイズの選択) →《A4》が選択されていることを確認

② 《レイアウト》タブ→《ページ設定》グループの［余白］(余白の調整) →《やや狭い》をクリック

③ 《レイアウト》タブ→《ページ設定》グループの［⤬］(ページ設定) をクリック

④ 《文字数と行数》タブを選択

⑤ 《文字数と行数の指定》の《行数だけを指定する》を◉にする

⑥ 《行数》の《行数》を「45」に設定

⑦ 《フォントの設定》をクリック

⑧ 《フォント》タブを選択

⑨ 《日本語用のフォント》の▽→一覧から《MS明朝》を選択

⑩ 《英数字用のフォント》の▽→一覧から《Arial》を選択

⑪ 《OK》をクリック

⑫ 《OK》をクリック

文字の入力

① 次のように文字を入力

営推2024-056↵
2024年7月22日↵
店長各位↵
営業推進部長↵
追加拡販施策の実施および売上見込みの再提出について↵
↵
□2024年度上期売上見込みが予算を大幅に下回っていることから、売上の追い込みを図るために、下記のとおり、追加拡販施策を実施することが決定しました。↵
□つきましては、追加拡販施策の実施内容を踏まえ、8・9月の売上見込みを再度ご検討の上、提出いただきますようご依頼申し上げます。↵
↵

記↵

追加拡販施策の実施↵
ポイントアップキャンペーン↵
期間：2024年8月16日（金）〜9月30日（月）↵
対象者：カード会員、新規入会者↵
内容：通常「2ポイント/100円」のところ、↵
期間中は5倍の「10ポイント/100円」を加算↵
新規入会者には、100ポイントをプレゼント↵
※実施方法については、社内サイトにて告知↵
配布ツール：店頭貼付用ポスター□20部↵
↵
セット割引キャンペーン↵
期間：2024年9月20日（金）〜9月30日（月）↵
対象者：対象商品購入者↵
内容：対象商品を複数個購入すると、最大で30%オフ↵
※実施方法については、社内サイトにて告知↵
配布ツール：店頭貼付用ポスター□20部↵
対象商品貼付用シール□1,000枚↵
↵
売上見込みの再提出↵
回答方法↵
メールにて、担当者宛てに次の内容を回答してください。↵
店舗名：↵
8月売上見込み：□□千円↵
9月売上見込み：□□千円↵
↵
回答期限↵
2024年8月12日（月）17:00まで↵

以上↵

↵
担当：阿部（内線：6443）↵
メール：abe@fom-babies.xx.xx↵

※↵で Enter を押して改行します。
※□は全角空白を表します。
※「記」と入力して改行すると、自動的に中央揃えが設定され、2行下に「以上」が右揃えで挿入されます。
※「〜」は「から」と入力して変換します。
※「※」は「こめ」と入力して変換します。

文字の配置

①「営推2024-056」から「2024年7月22日」までの行を選択

②　Ctrl　を押しながら、「営業推進部長」の行を選択

③《ホーム》タブ→《段落》グループの 三 (右揃え)をクリック

表題の書式設定

①「追加拡販施策の実施および売上見込みの再提出について」の行を選択

②《ホーム》タブ→《フォント》グループの 10.5 ⌄ (フォントサイズ)の ⌄ →《14》をクリック

③《ホーム》タブ→《フォント》グループの B (太字)をクリック

④《ホーム》タブ→《フォント》グループの U (下線)をクリック

⑤《ホーム》タブ→《段落》グループの 三 (中央揃え)をクリック

上位レベルの段落番号の設定

①「追加拡販施策の実施」の行を選択

②　Ctrl　を押しながら、「売上見込みの再提出」の行を選択

③《ホーム》タブ→《段落》グループの 三 ⌄ (段落番号)の ⌄ →《番号ライブラリ》の《1.2.3.》をクリック

下位レベルの段落番号の設定

①「ポイントアップキャンペーン」の行を選択

②　Ctrl　を押しながら、「セット割引キャンペーン」の行を選択

③《ホーム》タブ→《段落》グループの 三 ⌄ (段落番号)の ⌄ →《番号ライブラリ》の《①②③》をクリック

④「回答方法」の行を選択

⑤　Ctrl　を押しながら、「回答期限」の行を選択

⑥　F4　を押す

均等割り付けの設定

①「①ポイントアップキャンペーン」の下の「期間」を選択

②　Ctrl　を押しながら、その下の「対象者」と「内容」を選択

③　Ctrl　を押しながら、「②セット割引キャンペーン」の下の「期間」、「対象者」、「内容」を選択

④《ホーム》タブ→《段落》グループの 苣 (均等割り付け)をクリック

⑤《新しい文字列の幅》を「5字」に設定

⑥《OK》をクリック

⑦「担当」を選択

⑧《ホーム》タブ→《段落》グループの 苣 (均等割り付け)をクリック

⑨《新しい文字列の幅》を「3字」に設定

⑩《OK》をクリック

インデントの設定

① 「①ポイントアップキャンペーン」の行を選択

② [Ctrl] を押しながら、「②セット割引キャンペーン」、「①回答方法」、「②回答期限」の行を選択

③ 《レイアウト》タブ→《段落》グループの《インデント》の [三左:] (左インデント) を「2字」に設定

④ 「期　　間：2024年8月16日（金）〜9月30日（月）」から「配布ツール：店頭貼付用ポスター　20部」までの行を選択

⑤ [Ctrl] を押しながら、「期　　間：2024年9月20日（金）〜9月30日（月）」から「対象商品貼付用シール　1,000枚」までの行と「メールにて、担当者宛てに次の内容を回答してください。」から「9月売上見込み：　千円」までの行と「2024年8月12日（月）17:00まで」の行を選択

⑥ 《レイアウト》タブ→《段落》グループの《インデント》の [三左:] (左インデント) を「4字」に設定

⑦ 「期間中は5倍の「10ポイント/100円」を加算」から「※実施方法については、社内サイトにて告知」までの行を選択

⑧ [Ctrl] を押しながら、「※実施方法については、社内サイトにて告知」の行と「対象商品貼付用シール　1,000枚」の行を選択

⑨ 《レイアウト》タブ→《段落》グループの《インデント》の [三左:] (左インデント) を「10字」に設定

⑩ 「担　　当：阿部（内線：6443）」から「メール：abe@fom-babies.xx.xx」までの行を選択

⑪ 《レイアウト》タブ→《段落》グループの《インデント》の [三左:] (左インデント) を「32字」に設定

段落罫線の設定

① 「店舗名：」から「9月売上見込み：　千円」までの行を選択

② 《ホーム》タブ→《段落》グループの [田▾] (罫線) の [▾]→《外枠》をクリック

③ 《レイアウト》タブ→《段落》グループの《インデント》の [三右:] (右インデント) を「28字」に設定

文字の書式設定

① 「2024年8月12日（月）17:00まで」の行を選択

② 《ホーム》タブ→《フォント》グループの [B] (太字) をクリック

③ 《ホーム》タブ→《フォント》グループの [U] (下線) をクリック

ケーススタディ 10
売上見込みの集計

問題

売上見込みの提出を依頼するレポートを発信したところ、各店長から次の回答が戻ってきました。

```
店舗名       ：仙台店
8月売上見込み：52,000千円
9月売上見込み：56,000千円
```

```
店舗名       ：東京本店
8月売上見込み：102,000千円
9月売上見込み：126,000千円
```

```
店舗名       ：名古屋店
8月売上見込み：70,000千円
9月売上見込み：70,000千円
```

```
店舗名       ：大阪店
8月売上見込み：84,000千円
9月売上見込み：83,000千円
```

```
店舗名       ：福岡店
8月売上見込み：62,000千円
9月売上見込み：80,000千円
```

上司にそのまま報告したところ、「4月～7月売上実績表に、8月と9月の売上見込みの数字を追加してほしい。こんな具合で表に追加してください。」と指示され、次の用紙を渡されました。

2024年度上期売上実績（7月） 見込み (単位：百万円) ─────────→（   ）

売上見込み

店舗	売上予算	売上実績						売上見込み			
		4月	5月	6月	7月	4月～7月合計	予算達成率	8月	9月	4月～9月合計	予算達成率
仙台店	285	33	45	50	49	177	62.1%				
東京本店	680	110	105	108	97	419	61.7%				
名古屋店	360	56	60	40	56	212	58.9%				
大阪店	500	89	81	80	71	321	64.3%				
福岡店	400	73	69	71	40	252	63.1%				
合計	2,225	361	360	349	312	1,382	62.1%				

以下の条件に従って、Excelで新規にブックを作成してください。

OPEN

E 新しいブック

条件

①渡された用紙と同じような表を作成すること。

　なお、この会社では4月～9月の半年間を上期とする。

②表題とシートの名前を「2024年度上期売上見込み」とすること。

③上期の予算と実績は、次のデータをもとに作成すること。

店舗	売上予算	売上実績			
		4月	5月	6月	7月
仙台店	285,000,000	32,604,145	45,247,000	50,423,800	48,795,470
東京本店	680,000,000	109,875,400	105,267,800	107,584,500	96,547,011
名古屋店	360,000,000	56,478,200	60,123,650	39,878,550	55,536,200
大阪店	500,000,000	89,456,254	80,756,300	80,147,800	71,002,700
福岡店	400,000,000	72,564,600	68,975,380	71,236,360	39,689,400

（単位：円）

④ヘッダー左側に「＜社外秘＞」、ヘッダー右側に「2024年8月2日現在」を入れること。

⑤表が見やすくなるように、書式を適宜設定すること。

⑥表をA4横1ページに印刷すること。

※作成したブックに「Lesson24」と名前を付けて保存しましょう。

以下の完成例に仕上げるために、次のような点に気を付けて作成しましょう。

- 数値の桁数が多くなると読みにくい表になるため、適宜表示形式を設定して、調整するとよいでしょう。数値の桁数を考えて、単位を千円にしたり、百万円にしたりします。
- 入力する項目が多いため、縦方向の表にするのか、横方向の表にするのか印刷結果をイメージしながら作成しましょう。

■ 完成例

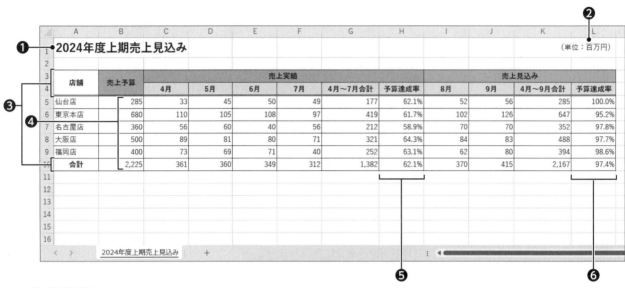

● 印刷結果

❼ ＜社外秘＞　　　　　　　　　　　　　　　　　　　　　　　　　　2024年8月2日現在

2024年度上期売上見込み　　　　　　　　　　　　　　　　　　　　　（単位：百万円）

店舗	売上予算	売上実績						売上見込み			
		4月	5月	6月	7月	4月〜7月合計	予算達成率	8月	9月	4月〜9月合計	予算達成率
仙台店	285	33	45	50	49	177	62.1%	52	56	285	100.0%
東京本店	680	110	105	108	97	419	61.7%	102	126	647	95.2%
名古屋店	360	56	60	40	56	212	58.9%	70	70	352	97.8%
大阪店	500	89	81	80	71	321	64.3%	84	83	488	97.7%
福岡店	400	73	69	71	40	252	63.1%	62	80	394	98.6%
合計	2,225	361	360	349	312	1,382	62.1%	370	415	2,167	97.4%

❽

❶ 表題

完成例では、表題のセルに次のような書式を設定しています。

> フォントサイズ：18ポイント
> 太字

❷ 単位

完成例では、単位のセルに次のような書式を設定しています。

> 右揃え

❸ 項目名

月はオートフィルを使うと効率的に入力できます。
完成例では、項目名と「合計」のセルに次のような書式を設定しています。

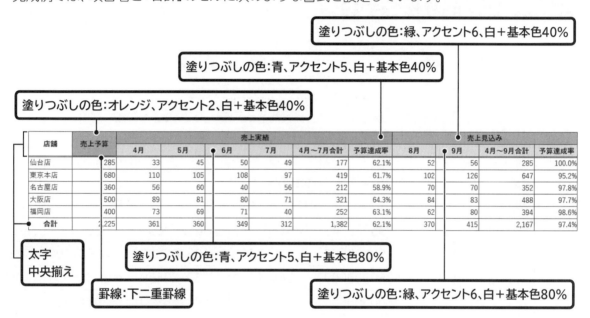

❹ 数値

単位に気を付けて、すべての桁の数値を正確に入力しましょう。
「単位：百万円」なので、数値の下6桁は表示されないように、表示形式を設定します。

❺ 売上実績の予算達成率

次の数式で、「売上実績」の「予算達成率」を求めます。

> 売上実績の予算達成率＝4月～7月合計÷売上予算

完成例では、「予算達成率」のセルに「パーセントスタイル」を設定し、小数第1位まで表示されるようにしています。

❻ 売上見込みの予算達成率

次の数式で、「売上見込み」の「予算達成率」を求めます。

> 売上見込みの予算達成率＝4月～9月合計÷売上予算

完成例では、「予算達成率」のセルに「パーセントスタイル」を設定し、小数第1位まで表示されるようにしています。

❼ ヘッダー

完成例では、「＜社外秘＞」に次のような書式を設定しています。

> フォントの色：赤
> 太字

❽ ページ設定

完成例では、次のようにページ設定を変更しています。

> ページの向き　：横
> 拡大縮小印刷：横1ページ×縦1ページ

標準的な操作手順

データの入力

① 次のようにデータを入力

	A	B	C	D	E	F
1	2024年度上期売上見込み					
2						
3	店舗	売上予算	売上実績			
4			4月	5月	6月	7月
5	仙台店	285000000	32604145	45247000	50423800	48795470
6	東京本店	680000000	109875400	105267800	107584500	96547011
7	名古屋店	360000000	56478200	60123650	39878550	55536200
8	大阪店	500000000	89456254	80756300	80147800	71002700
9	福岡店	400000000	72564600	68975380	71236360	39689400
10	合計					
11						

	G	H	I	J	K	L
1						(単位：百万円)
2						
3			売上見込み			
4	4月～7月合計	予算達成率	8月	9月	4月～9月合計	予算達成率
5			52000000	56000000		
6			102000000	126000000		
7			70000000	70000000		
8			84000000	83000000		
9			62000000	80000000		
10						
11						

シート名の変更

① シート「Sheet1」のシート見出しをダブルクリック

②「2024年度上期売上見込み」と入力し、[Enter]を押す

列の幅の変更

① 列番号【A：L】を選択

② 選択した列番号を右クリック

③《列の幅》をクリック

④《列の幅》に「11」と入力

⑤《OK》をクリック

⑥ 同様に、列番号【G】と列番号【K】の列の幅を「14」に設定

各店舗の4月～7月の合計の算出

① セル【G5】をクリック

②《ホーム》タブ→《編集》グループの [Σ] (合計) をクリック

③ 数式バーに「=SUM(B5：F5)」と表示されていることを確認

④ セル範囲【C5：F5】を選択

⑤ 数式バーに「=SUM(C5：F5)」と表示されていることを確認

⑥ [Enter]を押す

⑦ セル【G5】を選択し、セル右下の■ (フィルハンドル) をセル【G9】までドラッグ

※ [___] (エラーインジケータ) が表示された場合は、[⚠]→《エラーを無視する》をクリックしておきましょう。

各店舗の4月～9月の合計の算出

① セル【K5】をクリック

②《ホーム》タブ→《編集》グループの [Σ] (合計) をクリック

③ 数式バーに「=SUM(I5：J5)」と表示されていることを確認

④ セル【G5】をクリック

⑤ [Ctrl]を押しながら、セル範囲【I5：J5】を選択

⑥ 数式バーに「=SUM(G5,I5：J5)」と表示されていることを確認

⑦ [Enter]を押す

⑧ セル【K5】を選択し、セル右下の■ (フィルハンドル) をセル【K9】までドラッグ

全店舗の合計の算出

① セル範囲【B10：G10】を選択

② [Ctrl]を押しながら、セル範囲【I10：K10】を選択

③《ホーム》タブ→《編集》グループの [Σ] (合計) をクリック

各店舗の4月～7月の予算達成率の算出

① セル【H5】に「=G5/B5」と入力

② セル【H5】を選択し、セル右下の■ (フィルハンドル) をセル【H10】までドラッグ

※ [___] (エラーインジケータ) が表示された場合は、[⚠]→《エラーを無視する》をクリックしておきましょう。

各店舗の4月〜9月の予算達成率の算出

① セル【L5】に「=K5/B5」と入力

② セル【L5】を選択し、セル右下の■(フィルハンドル)をセル【L10】までドラッグ

表題と単位の書式設定

① セル【A1】をクリック

②《ホーム》タブ→《フォント》グループの 11 ▾ (フォントサイズ)の ▾ →《18》をクリック

③《ホーム》タブ→《フォント》グループの B (太字)をクリック

④ セル【L1】をクリック

⑤《ホーム》タブ→《配置》グループの ≡ (右揃え)をクリック

罫線の設定

① セル範囲【A3:L10】を選択

②《ホーム》タブ→《フォント》グループの ⊞▾ (下罫線)の ▾ →《格子》をクリック

③ セル範囲【A4:L4】を選択

④《ホーム》タブ→《フォント》グループの ⊞▾ (格子)の ▾ →《下二重罫線》をクリック

セルの結合

① セル範囲【A3:A4】を選択

② Ctrl を押しながら、セル範囲【B3:B4】とセル範囲【C3:H3】とセル範囲【I3:L3】を選択

③《ホーム》タブ→《配置》グループの 圙 (セルを結合して中央揃え)をクリック

項目名の書式設定

① セル範囲【A3:L4】を選択

② Ctrl を押しながら、セル【A10】をクリック

③《ホーム》タブ→《フォント》グループの B (太字)をクリック

④《ホーム》タブ→《配置》グループの ≡ (中央揃え)をクリック

⑤ セル【B3】をクリック

⑥《ホーム》タブ→《フォント》グループの ⬛▾ (塗りつぶしの色)の ▾ →《テーマの色》の《オレンジ、アクセント2、白+基本色40%》(左から6番目、上から4番目)をクリック

⑦ 同様に、セル【C3】に《テーマの色》の《青、アクセント5、白+基本色40%》(左から9番目、上から4番目)の塗りつぶしの色を設定

⑧ 同様に、セル【I3】に《テーマの色》の《緑、アクセント6、白+基本色40%》(左から10番目、上から4番目)の塗りつぶしの色を設定

⑨ 同様に、セル範囲【C4:H4】に《テーマの色》の《青、アクセント5、白+基本色80%》(左から9番目、上から2番目)の塗りつぶしの色を設定

⑩ 同様に、セル範囲【I4:L4】に《テーマの色》の《緑、アクセント6、白+基本色80%》(左から10番目、上から2番目)の塗りつぶしの色を設定

表示形式の設定

① セル範囲【B5：G10】を選択

② [Ctrl] を押しながら、セル範囲【I5：K10】を選択

③《ホーム》タブ→《数値》グループの [⤢] (表示形式) をクリック

④《表示形式》タブを選択

⑤《分類》の一覧から《ユーザー定義》を選択

⑥《種類》に「#，##0,,」と入力

⑦《OK》をクリック

⑧ セル範囲【H5：H10】を選択

⑨ [Ctrl] を押しながら、セル範囲【L5：L10】を選択

⑩《ホーム》タブ→《数値》グループの [%] (パーセントスタイル) をクリック

⑪《ホーム》タブ→《数値》グループの [⤢] (小数点以下の表示桁数を増やす) をクリック

ヘッダーの設定

① ステータスバーの [▣] (ページレイアウト) をクリック

② ヘッダーの左側をクリック

③「＜社外秘＞」と入力

④「＜社外秘＞」を選択

⑤《ホーム》タブ→《フォント》グループの [A▾] (フォントの色) の [▾]→《標準の色》の《赤》(左から2番目) をクリック

⑥《ホーム》タブ→《フォント》グループの [B] (太字) をクリック

⑦ ヘッダーの右側をクリック

⑧「2024年8月2日現在」と入力

⑨ ヘッダー以外の場所をクリック
※ステータスバーの [田] (標準) をクリックして、もとの表示に戻しておきましょう。

ページ設定の変更と印刷

①《ファイル》タブ→《印刷》をクリック

②《設定》の《ページ設定》をクリック

③《ページ》タブを選択

④《印刷の向き》の《横》を [◉] にする

⑤《拡大縮小印刷》の《次のページ数に合わせて印刷》を [◉] にし、《横》を「1」、《縦》を「1」にそれぞれ設定

⑥《用紙サイズ》の [▾] をクリックし、一覧から《A4》を選択

⑦《OK》をクリック

⑧ 印刷イメージを確認

⑨《印刷》をクリック

問題

上期が終了し、上司より「8月と9月の売上実績を盛り込んで、2024年度上期売上実績を完成させてほしい。前年度の売上データがあるので、前年同期比の項目を必ず入れてください。」と指示されました。

以下の条件に従って、Excelでブックを編集してください。

OPEN
E Lesson24

条件

①シート「2024年度上期売上見込み」をコピーし、コピーしたシートをもとに「2024年度上期売上実績」を作成すること。

②2024年8月・9月の売上実績は、次のデータをもとにすること。

店舗	8月	9月
仙台店	58,842,200	42,078,390
東京本店	82,451,350	89,541,210
名古屋店	47,056,755	61,245,480
大阪店	98,720,240	78,045,999
福岡店	61,589,120	72,214,600

（単位：円）

③シート「2024年度上期売上実績」の表に「合計」と「予算達成率」の各項目を設け、さらに「前年同期比」の項目も追加すること。

④前年度の売上実績は、次のデータをもとにすること。

店舗	上期	下期	合計
仙台店	262,636,250	294,210,840	556,847,090
東京本店	666,221,390	610,978,080	1,277,199,470
名古屋店	334,797,840	297,784,100	632,581,940
大阪店	482,510,600	500,478,280	982,988,880
福岡店	374,042,300	325,789,850	699,832,150
合計	2,120,208,380	2,029,241,150	4,149,449,530

（単位：円）

⑤ヘッダーの日付を「2024年10月1日現在」に修正すること。

⑥表が見やすくなるように、書式を適宜設定すること。

⑦表をA4横1ページに印刷すること。

※作成したブックに「Lesson25」と名前を付けて保存しましょう。

標準的な完成例とアドバイス

以下の完成例に仕上げるために、次のような点に気を付けて作成しましょう。

 • 前年度の売上実績のデータがすべて用意されていますが、今回は「前年同期比」を作成するため、上期の売上実績のデータを取り出して、表を作成しましょう。

• 同じデータを再利用する際は、シートをコピーして効率的に表を作成しましょう。

■ 完成例

2024年度上期売上実績　　　　　　　　　　　　　　　　　　　　　　（単位：百万円）

店舗	売上予算	売上実績						合計	予算達成率	前年同期比		2023年度上期売上実績
		4月	5月	6月	7月	8月	9月					
仙台店	285	33	45	50	49	59	42	278	97.5%	105.8%		263
東京本店	680	110	105	108	97	82	90	591	87.0%	88.7%		666
名古屋店	360	56	60	40	56	47	61	320	89.0%	95.7%		335
大阪店	500	89	81	80	71	99	78	498	103.2%			483
福岡店	400	73	69	71	40	62	72	386	96.6%	103.3%		374
合計	2,225	361	360	349	312	349	343	2,074	93.2%	97.8%		2,120

< 2024年度上期売上見込み / 2024年度上期売上実績 +

❶　　　　　　❷

●印刷結果

<社外秘>　　　　　　　　　　　　　　　　　　　　　　　　　　　　　　　　2024年10月1日現在

2024年度上期売上実績　　　　　　　　　　　　　　　　　　　　　　（単位：百万円）

店舗	売上予算	売上実績						合計	予算達成率	前年同期比
		4月	5月	6月	7月	8月	9月			
仙台店	285	33	45	50	49	59	42	278	97.5%	105.8%
東京本店	680	110	105	108	97	82	90	591	87.0%	88.7%
名古屋店	360	56	60	40	56	47	61	320	89.0%	95.7%
大阪店	500	89	81	80	71	99	78	498	99.6%	103.2%
福岡店	400	73	69	71	40	62	72	386	96.6%	103.3%
合計	2,225	361	360	349	312	349	343	2,074	93.2%	97.8%

❸

10

❶ 8月・9月

「8月」「9月」の列を売上実績の中に組み入れます。

それに伴い、「合計」と「予算達成率」の数式や書式設定を修正します。

❷ 前年同期比

次の数式で、「前年同期比」を求めます。

前年同期比＝本年度の上期合計÷前年度の上期合計

前年度の上期のデータは、シートの空いている領域に入力するとよいでしょう。

完成例では、「前年同期比」のセルに「パーセントスタイル」を設定し、小数第1位まで表示されるようにしています。

❸ ページ設定

前年度の上期のデータが印刷されないように、印刷範囲を設定します。

印刷範囲：セル範囲【A1：K10】

標準的な操作手順

シートのコピー

① Ctrl を押しながら、シート「2024年度上期売上見込み」のシート見出しを右側にドラッグ

シート名の変更

① シート「2024年度上期売上見込み(2)」のシート見出しをダブルクリック

②「2024年度上期売上実績」と修正し、 Enter を押す

列の削除

① 列番号【G：H】を選択

② 選択した列番号を右クリック

③《削除》をクリック

列のコピー

① 列番号【J】を選択

②《ホーム》タブ→《クリップボード》グループの 🗐 (コピー) をクリック

③ 列番号【K】を選択

④《ホーム》タブ→《クリップボード》グループの 🗐 (貼り付け) をクリック

	A	B	C	D	E	F	G	H	I	J	K
1	2024年度上期売上見込み									(単位：百万円)	位：百万円)
2											
3	店舗	売上予算	売上実績				売上見込み				
4			4月	5月	6月	7月	8月	9月	4月～9月合計	予算達成率	予算達成率
5	仙台店	285	33	45	50	49	52	56	#REF!	#REF!	#REF!
6	東京本店	680	110	105	108	97	102	126	#REF!	#REF!	#REF!
7	名古屋店	360	56	60	40	56	70	70	#REF!	#REF!	#REF!
8	大阪店	500	89	81	80	71	84	83	#REF!	#REF!	#REF!
9	福岡店	400	73	69	71	40	62	80	#REF!	#REF!	#REF!
10	合計	2,225	361	360	349	312	370	415	#REF!	#REF!	#REF!
11											

データのクリアと修正

① セル【A1】の「2024年度上期売上見込み」を「2024年度上期売上実績」に修正

② セル【J1】をクリック

③ [Ctrl] を押しながら、セル【G3】とセル範囲【G5:I9】とセル範囲【K4:K10】を選択

④ [Delete] を押す

⑤ セル【I4】の「4月～9月合計」を「合計」に修正

⑥ セル【K4】に「前年同期比」と入力

⑦ セル範囲【G5:H9】に8月・9月の売上実績データを入力

	G	H
1		
2		
3		
4	8月	9月
5	58842200	42078390
6	82451350	89541210
7	47056755	61245480
8	98720240	78045999
9	61589120	72214600
10		

※表示形式が設定されているため、入力した数値の下6桁は表示されません。

セルの結合

① セル範囲【C3:J3】を選択

②《ホーム》タブ→《配置》グループの 国 (セルを結合して中央揃え)を2回クリック

塗りつぶしの設定

① セル範囲【G4:K4】を選択

②《ホーム》タブ→《フォント》グループの ◇・ (塗りつぶしの色) の ・ →《テーマの色》の《青、アクセント5、白+基本色80%》(左から9番目、上から2番目)をクリック

合計の算出

① セル範囲【C5:I9】を選択

②《ホーム》タブ→《編集》グループの Σ (合計)をクリック

※ ⬚ (エラーインジケータ) が表示された場合は、⚠ →《エラーを無視する》をクリックしておきましょう。

前年度上期データの入力

① セル範囲【M4：M9】に前年度上期の売上実績データを入力

	M
1	
2	
3	
4	2023年度上期売上実績
5	262636250
6	666221390
7	334797840
8	482510600
9	374042300
10	

② セル【M10】をクリック

③《ホーム》タブ→《編集》グループの □Σ （合計）をクリック

④ 数式バーに「＝SUM（M5：M9）」と表示されていることを確認

⑤ ［Enter］を押す

⑥ セル範囲【I4：I10】を選択

⑦《ホーム》タブ→《クリップボード》グループの □ （書式のコピー/貼り付け）をクリック

⑧ セル範囲【M4：M10】を選択

⑨ M列の右側の境界線をポイントし、マウスポインターの形が ✛ に変わったら、ダブルクリック

前年同期比の算出

① セル【K5】に「＝I5/M5」と入力

② セル【K5】を選択し、セル右下の■（フィルハンドル）をセル【K10】までドラッグ

ヘッダーの設定

① ステータスバーの □回□ （ページレイアウト）をクリック

② ヘッダーの右側をクリック

③「2024年8月2日現在」を「2024年10月1日現在」に修正

④ ヘッダー以外の場所をクリック

※ステータスバーの □田□ （標準）をクリックして、もとの表示に戻しておきましょう。

印刷範囲の設定と印刷

① セル範囲【A1：K10】を選択

②《ページレイアウト》タブ→《ページ設定》グループの □□ （印刷範囲）→《印刷範囲の設定》をクリック

③《ファイル》タブ→《印刷》をクリック

④ 印刷イメージを確認

⑤《印刷》をクリック

おわりに

最後まで学習を進めていただき、ありがとうございました。10個のケーススタディはいかがでしたでしょうか？

本書では、1つのデータがどのように活用されていくのか、事例の中で学習してきました。

実際のビジネスの場では、1つのデータから様々な資料を作成することが求められます。また、資料の作成にあたっては、ビジネス文書としての体裁を満たすことも求められます。

これから実務で様々なデータを取り扱う際に、そのデータをどのように活用できるのか、それにはどの機能を使うのかといったことを考えることで、WordやExcelの使用方法が広がります。

本書での学習を終了された方におすすめしたいのは、Excelの関数を強化できる次の2冊です。

関数をしっかり学習したい方には、「よくわかる Excel関数テクニック」をおすすめします。ビジネスでの様々な活用事例を通して、関数の使い方や組み合わせ方を学習できます。

隙間時間を活用して学習したい方には、「これだけ覚えて！仕事がはかどるExcel関数」がおすすめです。タイトルのとおり、業務によく使う関数を厳選して紹介しています。コンパクトなB6判なので、いつも手元に置いて学習できます。

Let's Challenge!!

FOM出版

FOM出版テキスト

最新情報
のご案内

FOM出版では、お客様の利用シーンに合わせて、最適なテキストをご提供するために、様々なシリーズをご用意しています。

FOM出版　🔍検索

https://www.fom.fujitsu.com/goods/

FAQのご案内

[テキストに関する
よくあるご質問]

FOM出版テキストのお客様Q&A窓口に皆様から多く寄せられたご質問に回答を付けて掲載しています。

FOM出版　FAQ　🔍検索

https://www.fom.fujitsu.com/goods/faq/

よくわかる
Microsoft® Word 2021 & Microsoft® Excel® 2021 スキルアップ問題集 ビジネス実践編
Office 2021／Microsoft 365 対応
（FPT2314）

2023年12月11日　初版発行

著作／制作：株式会社富士通ラーニングメディア

発行者：青山　昌裕

発行所：FOM出版 (株式会社富士通ラーニングメディア)
　　　　〒212-0014　神奈川県川崎市幸区大宮町1番地5　JR川崎タワー
　　　　https://www.fom.fujitsu.com/goods/

印刷／製本：株式会社サンヨー

● 本書は、構成・文章・プログラム・画像・データなどのすべてにおいて、著作権法上の保護を受けています。
　本書の一部あるいは全部について、いかなる方法においても複写・複製など、著作権法上で規定された権利を侵害する行為を行うことは禁じられています。
● 本書に関するご質問は、ホームページまたはメールにてお寄せください。
　＜ホームページ＞
　上記ホームページ内の「FOM出版」から「QAサポート」にアクセスし、「QAフォームのご案内」からQAフォームを選択して、必要事項をご記入の上、送信してください。
　＜メール＞
　FOM-shuppan-QA@cs.jp.fujitsu.com
　なお、次の点に関しては、あらかじめご了承ください。
　・ご質問の内容によっては、回答に日数を要する場合があります。
　・本書の範囲を超えるご質問にはお答えできません。　・電話やFAXによるご質問には一切応じておりません。
● 本製品に起因してご使用者に直接または間接的損害が生じても、株式会社富士通ラーニングメディアはいかなる責任も負わないものとし、一切の賠償などは行わないものとします。
● 本書に記載された内容などは、予告なく変更される場合があります。
● 落丁・乱丁はお取り替えいたします。

©2023 Fujitsu Learning Media Limited
Printed in Japan
ISBN978-4-86775-080-3